[美] 塔拉·韦尔 (Tara Well) 著 马梦捷 译

神奇的镜子冥想
拥抱你内心的小孩

Mirror Meditation

The Power of Neuroscience and
Self-Reflection to Overcome Self-Criticism, Gain Confidence,
and See Yourself with Compassion

中国宇航出版社

·北京·

版权所有　侵权必究

MIRROR MEDITATION: THE POWER OF NEUROSCIENCE AND SELF-REFLECTION TO OVERCOME SELF-CRITICISM, GAIN CONFIDENCE, AND SEE YOURSELF WITH COMPASSION by TARA WELL

Copyright © 2022 BY TARA WELL

This edition arranged with The Marsh Agency Ltd., & Mel Parker Books, LLC.,
through BIG APPLE AGENCY, LABUAN, MALAYSIA.

Simplified Chinese edition copyright:
2025 China Astronautic Publishing House Co., Ltd.

All rights reserved

本书中文简体字版由著作权人授权中国宇航出版社独家出版发行，未经出版者书面许可，不得以任何方式抄袭、复制或节录书中的任何部分。

著作权合同登记号：图字：01-2024-5638号

图书在版编目（CIP）数据

神奇的镜子冥想：拥抱你内心的小孩 /（美）塔拉·韦尔（Tara Well）著；马梦捷译. -- 北京：中国宇航出版社，2025.1. -- ISBN 978-7-5159-2460-1

Ⅰ.B84-49

中国国家版本馆CIP数据核字第2024NP8937号

策划编辑	张文丽	封面设计	毛　木
责任编辑	吴媛媛	责任校对	张文丽

出版发行　**中国宇航出版社**

社　　址　北京市阜成路8号　　　邮　编　100830
　　　　　（010）68768548
网　　址　www.caphbook.com
经　　销　新华书店
发 行 部　（010）68767386　　　（010）68371900
　　　　　（010）68767382　　　（010）88100613（传真）
零 售 店　读者服务部
　　　　　（010）68371105
承　　印　北京中科印刷有限公司
版　　次　2025年1月第1版　　2025年1月第1次印刷
规　　格　880×1230　　　　　开　本　1/32
印　　张　8.375　　　　　　　字　数　195千字
书　　号　ISBN 978-7-5159-2460-1
定　　价　59.80元

本书如有印装质量问题，可与发行部联系调换

本书的赞誉

塔拉·韦尔是一位极富创造力的心理学家。在本书中,她介绍了一种强大的全新自我觉察方法,鼓励人们以友善和清晰的眼光看待自己和他人。随着世界变得越来越复杂和不确定,我们迫切需要这本书。本书是独一无二的作品,将改变许多读者的生活,改变他们看待自己的方式。

斯科特·巴里·考夫曼(Scott Barry Kaufman)博士
心理学播客主持人,《超越》等九本书的作者

本书在我们理解自身以及周围世界的过程中贡献重大。塔拉·韦尔的方法巧妙地建立在了科学基础之上,但她真正的天赋是让这些内容变得通俗易懂,甚至生动有趣。任何想要体验"接受不完美的自己"将产生怎样力量的人,都适合看这本书。

塔莎·尤里克(Tasha Eurich)博士,组织心理学家
《纽约时报》畅销书《深度洞察力》和《可盈利领导力》作者

本书具有扭转乾坤之力！如果你曾在相信自己这件事上苦苦挣扎，那么本书将帮助你重新找回自己的价值，并勇往直前，创造更丰富、更有价值的人生。

玛吉·沃勒尔（Margie Warrell）博士

演讲家，《你可以的》作者

当你看着镜子中的自己时，你的脑海中会浮现出什么呢？塔拉·韦尔通过心理学研究和对人类自我的深刻理解，对自我觉察的本质提出了新的见解。她的书中充满了引人入胜的故事、睿智的心理学建议、震撼人心的科学发现，并对拥有充实而真实的生活提供了启发性见解。

——丹·P. 麦克亚当斯（Dan P. McAdams）博士

心理学教授，《我们赖以生存的故事》作者

这是一本多么好的书啊！本书创意新颖，能够为许多人带来极大的慰藉。本书文笔优美，汇集了从社会心理学到神经科学的研究成果，为读者提供了清晰的练习方法和建议，是对正念、冥想和整个心理学领域的独特补充。

——罗伯特·T. 马勒（Robert T. Muller）博士

临床心理学教授，《创伤与努力敞开心扉》作者本书是非常有价值的图书，它以当前脑科学、健康和人格心理学的研究成果为基础，提供了实用且易于实施的方法。在 Zoom 会议盛行以及整天在屏幕上看到自己面容的时代，本书对提高自我觉察、减少自我物化以及增强正念意识，具有非常及时和重要的作用。塔拉·韦尔显然是她所在领域的专家，她提供的工具和基于研究的建议新颖、可行，能够帮助我们以自我同情之心与自己相处。

——梅拉妮·格林伯格（Melanie Greenberg）博士

临床心理学家，《抗压大脑》作者

自　序

探索你的镜中智慧

你今天照镜子了吗？

你是否会尽量避免照镜子？

或者希望自己可以停止照镜子？

镜子可以唤起你内心强烈的感受，但它也可以用你想象不到的方式发挥巨大的作用。阅读本书你会发现，镜子是你应对生活挑战的基础工具之一，因为它可以让你直面自己。被镜映[①]是我们作为人类所拥有的非常重要和震撼的体验之一。

作为成年人，照镜子已经成为我们的第二天性。在出门之前，我们用镜子来检查和整理仪容仪表。但是，如果你换一种方式来看待镜子中的自己，会怎么样呢？你还记得小时候，看到镜子里的自己是什么感觉吗？

当我还是个小女孩的时候，只要父母允许，我就会盯着桌子

[①] 镜映，自体心理学概念，指他人像镜子一样对你的心理体验做出恰当的反应。——译者注

上闪闪发光的镀铬烤面包机侧面的影像看上很久,不停地做鬼脸,模仿周围的大人。看着自己时,我会有一种舒适和愉悦感。但和大多数人一样,随着年龄的增长,别人对我的期望发生了变化,我开始对着镜子仔细观察自己的外表,拿自己跟电视上的演员和时尚杂志上的模特做比较。

我在镜子里看到的自己似乎永远无法达标。

有一天,我瞥到镜子中的自己,我被自己脸上的悲伤和痛苦表情震惊了。我没有意识到自己的这些感受,我一直以为自己"很好"。在这一刻,我意识到为了努力创造一个别人眼中的完美形象,我与自己内心的感受失去了联结。从那以后,我开始花时间照镜子,但不是为了关注自己的外表,而仅仅是为了确认自己的感受。随着时间的推移,这变成了一种超越外表,以同情之心深入观察自己的方式。这成了一种冥想。

镜子对我很有帮助。作为一名从事研究工作的学者,我想探究其中的原因。于是,我开始进行照镜子实验,让参与者对着自己镜中影像冥想。起初,参与者显得又笨拙又难为情,他们的表情很紧张,看向自己的眼神严厉而挑剔。我引导他们超越外表,深入观察。在这个过程中,神奇的事情发生了。通常在一节课结束后,他们的表情都会变得更柔和,眼中闪烁着喜悦的光芒,同时他们还会说出一些惊人的领悟。一面简单的镜子竟能催化出这么多不同的领悟,真是令人着迷。我与参与者合作,惊奇地观察着对镜冥想是如何改变他们的。这些人阐述了一些惊人的发现,其中有三大变化最为突出。

首先，他们开始意识到对自己有多严苛。镜子让他们意识到他们对自我的批评，不管是在外貌方面，还是在他们习惯性地认为不可接受的其他方面。镜子揭示出这种自我批评对他们产生的影响有多大，因为他们可以直接从自己的脸上观察到这种变化！于是他们拥有了更多选择与实践的机会，那就是以更包容和友善的态度对待自己。

其次，镜子极其精准地反映出他们的面部表情，因此他们能更清楚地了解自己每时每刻的感受，这起初让很多人都感到有点吃惊。一些人也开始意识到那些他们通常会回避的情绪，比如恐惧、愤怒或厌恶。随着时间的推移，他们接纳和应对更多情绪的能力也在增强。

最后一个变化是我始料未及的，但我很高兴地发现：许多人注意到镜子冥想对他们的人际关系产生了积极的影响，因为他们更加清楚自己是如何看待他人和被他人看待的。通过练习，他们能够全身心地关注自己，也能够更好地与他人待在一起，他们的人际关系也随之加深了。

镜子是我们拥有的宝贵工具之一。在这个充满不确定性的世界里，只需花点时间凝视自己的眼睛，就能让我们平静下来，唤醒我们的善意。

本书是教你以清晰、诚实和友善的眼光看待自己和世界的指南。

阅读本书是一个循序渐进的旅程：你将从学习如何在镜中建立自我同情开始，进而从镜映中获得平静，然后再把你学到的这些运用到与他人的联结之中。我希望你能在这场旅途中有所收获,并带着觉察去生活。现在,让我们通过镜子冥想开始更深入的自我觉察之旅吧。

目 录

第一章
直面自己，引导自我意识 1

1. 神奇而又平凡的镜子 3
2. 你尝试过摆脱镜子吗 6
3. 从生命初始，人们便开始注视脸庞 8
4. 照镜子有助于协调感受与姿态 11
5. 自我意识的两面性 15
6. 以正念的方式面对自己 19
7. 准备好尝试镜子冥想了吗 22
8. 与抗拒为友 25

第二章
过度重视外貌，会让人分心 29

9. 人类的"自虐三部曲" 31
10. 如何避免自我物化 34
11. 严重自我物化背后的神经科学 37

12. 转变自我审视的态度　　41
　　13. 换位思考，善待自己　　44
　　14. 镜子能帮助人们应对衰老与被社会忽视　　46
　　15. 接纳自己的外表　　48

第三章
觉察内心的自我对话　　53

　　16. 为什么自我对话如此强大　　55
　　17. 自我对话的益处　　57
　　18. 拥抱内心的小孩：发掘内在养育者　　60
　　19. 在镜子中与自己和解　　63
　　20. 拥抱内心的小孩：驯服内在批评者　　66
　　21. 表达内心声音的方法　　71
　　22. 如何拍摄提高自我觉察的视频日记　　75

第四章
摆脱自拍与点赞　　79

　　23. 当社交媒体成为时代的标志　　81
　　24. 人为何会"自拍上瘾"　　84
　　25. 运用正念技巧控制冲动　　88
　　26. 尝试掌控自己的形象　　91
　　27. 尝试情绪管理　　95

第五章
通过自我镜映缓解焦虑　　99

28. 直面焦虑　　101
29. 是什么吸引了你的注意力　　105
30. 焦虑会影响你的视野　　108
31. 通过照镜子进行自我安抚　　110
32. 如何让自己不再僵住　　113
33. 在解离中逃走，从解离中回归　　117
34. 放下对抗，治愈心灵　　120

第六章
创造探索情绪的安全空间　　123

35. 情绪是如何镜映的　　125
36. 了解情绪表达的规则　　128
37. 挖掘内心真实的感受　　132
38. 情绪劳动与真情实感　　138
39. 直面内心的愤怒　　141
40. 直面内心的悲伤　　144

第七章
自恋带来的启示　　147

41. 纳西索斯寓言　　149

42. 共情：感受你之所感　　　　　　　　　**154**

43. 同情：知晓你之所感　　　　　　　　　**158**

44. 同情可能比共情更好　　　　　　　　　**161**

45. 理解并同情自恋者　　　　　　　　　　**164**

46. 用镜子找回缺失的部分　　　　　　　　**167**

第八章
对孤独、独处与依恋的感悟　　　　　　　**171**

47. 如何看待孤独　　　　　　　　　　　　**173**

48. 孤独者的面部表达　　　　　　　　　　**175**

49. 独处的能力　　　　　　　　　　　　　**178**

50. 自我关系中的依恋模式　　　　　　　　**181**

51. 焦虑型自我依恋　　　　　　　　　　　**185**

52. 回避型自我依恋　　　　　　　　　　　**188**

第九章
允许别人看到真实的我们　　　　　　　　**191**

53. 别人是我们的一面镜子　　　　　　　　**193**

54. 镜映塑造了我们的身份认同　　　　　　**195**

55. 重温自我物化　　　　　　　　　　　　**198**

56. 无意识的"煤气灯效应"　　　　　　　**202**

57. 表里如一才能建立信任　　　　　　　　**205**

58. 敢于展示真实的自己　　　　　　　　　**209**

59. 接纳别人的目光和看法　　　　　　213

第十章
清晰而友善地看待他人　　　　　　**217**

  60. 避免随意给他人贴标签　　　　　　219
  61. 透过爱的眼眸看待他人　　　　　　223
  62. 如何将同情心付诸行动　　　　　　228
  63. 不要在别人身上找毛病　　　　　　232
  64. 不要将敌意归因于他人　　　　　　235
  65. 直面蔑视，走出阴影　　　　　　238
  66. 不因他人的外貌出众而盲目崇拜　　　　　　242

尾　记
一场自我觉察之旅　　　　　　**247**

第一章

直面自己，引导自我意识

第一章
直面自己，引导自我意识

1. 神奇而又平凡的镜子

镜子是迷人的。本书邀请你改变与镜子的关系。你与镜子的关系可能比你想的更复杂。因此，在开始镜子冥想旅程之前，让我们花点时间思考一下你已经与镜子产生的一些关联。了解你过去的经历和你与镜子的关联将如何影响你的自我发现之旅，这是很重要的。

在过去的两百年里，镜子从只有非常富有的人才买得起的珍贵宝物，发展成为所有人每天都在使用的家庭必备用品。几乎每个人都会用镜子梳妆打扮——刮胡子、做发型、化妆，等等。**镜子让我们看到自己在别人眼中的样子。它提供的视角具有重要价值，因为外表是我们身份和他人对我们印象的基石。**

然而，纳西索斯（Narcissus）[①]的故事告诫我们，不要过分沉迷于自己的影像。对在镜中看到的事物过分满意是有隐患的。纵观历史，镜子一直是虚荣、自私和自我陶醉的象征。《白雪公主》中的邪恶皇后问魔镜："谁是世界上最美丽的女人？"镜子用来衡

[①] 纳西索斯是希腊神话中最俊美的男性人物。他爱上了自己的倒影，最终变成水仙花。——译者注

神奇的镜子冥想：
拥抱你内心的小孩

量一个人的美丑，这是很多人都非常熟悉的镜子的一个功能。

在古往今来的神话故事中，镜子既是强有力的转化象征，也是诡计多端的工具。烟雾和镜子可以用来掩盖真相。镜子就像魔术师的工具，可以用来制造幻象。哈利·波特（Harry Potter）坐在魔镜前，看到自己内心深处的渴望被映照和满足。为什么要离开这抚慰人心的海市蜃楼呢？很不幸，镜子可以蛊惑我们，成为自我欺骗的强大工具。

镜子对我们的日常生活非常重要。在本章中，我们将了解镜中影像如何在身体、情绪和社交方面协助我们。镜子能以一些有趣的方式帮助我们进行自我觉察，镜子还可以模拟与他人面对面的接触，而这是我们人际交往的基础。在讨论了一些镜子的迷人用法后，我们可以循序渐进地根据指导来尝试对镜冥想，使之成为一种日常练习。此外，下面还将给出一些小贴士，用来消除我们在照镜子时遇到的一些常见阻力。

试一试

镜子会让你联想到什么？根据以下问题，谈谈你对镜子已经产生的一些联想。你可以把想法写下来或者大声说出来。如果想深入探索，可以试着边照镜子边说出想法，或者拍摄自己完成练习的过程。针对每个问题，列出一份详尽的答案清单。也就是说，不断地去挖掘更多的联想，看看自己能否列出至少20种联想。一旦它们浮现出来，就把它们写下来或说出来，不要对自己或这些联想进行审查，它们不需要符合逻辑。这个练

第一章
直面自己，引导自我意识

习的目的是挖掘出镜子让你产生的联想和感受。

例如，针对"镜子是……"这一提示，你可能有以下答案：

镜子是神秘的。

镜子是严苛的。

镜子是迷人的。

镜子是需要被避开之物。

镜子是虚荣的工具。

……

当你允许自己不加评判地自由联想时，可能会惊讶于浮现出来的想法。

下面是一些其他提示。

镜子是……

镜子反映出来……

我喜欢镜子，因为……

我讨厌镜子，因为……

在镜子面前，我感到……

2. 你尝试过摆脱镜子吗

　　镜子是梳妆打扮的必备工具，是日常生活的一部分。和许多人一样，除非为了检查牙齿里是否卡着菠菜或头发是否翘起以外，你可能会懒得多看自己几眼。当你在镜子前徘徊时，可能会下意识地开始寻找自己的缺点。你可能会发现，镜子会引发自我批评。那么，人们干脆不照镜子，问题不就解决了吗？

　　你尝试过摆脱镜子吗？有些人试过。一些网络博客和文章记录了关于突然戒掉照镜子的类似研究和个人实验。这些实验的时长从几天到六年不等，它们的结果惊人的相似。起初，这些人意识到镜子会引发自我批评，他们希望能从中解脱出来。后来，由于在实验期间必须去上班或是约会，他们开始对自己在别人眼中的形象感到不自信。于是，他们依赖亲近的人来告诉他们牙齿里是否卡着菠菜，或他们的外表是否看起来还不错。随着实验的进行，他们开始感到尴尬，并逐渐回避他人，逐渐变得不爱社交。他们似乎也开始想念自己的样子。视频记录下了这些摆脱镜子的人与自己的影像重逢时的喜悦：我的影像在这里！而且看起来没有那么糟糕。这些实验给我们的启示是，罪魁祸首并不是镜子，

第一章
直面自己，引导自我意识

而是镜子唤起的想法和感受。而且，在我们与自己和他人相处的过程中，镜中的影像起着关键的作用。

我们可能没有意识到，镜子和它反射出的影像对我们的心理和情绪起着至关重要的作用。我们对镜子的复杂感受往往反映了我们对自己的感觉。与其诋毁镜子这个无害的用品，不如好好地使用它。镜子是非常强大的自我觉察工具，只是需要我们学会如何利用它。想一想镜子能教给我们什么？镜子可以告诉我们，我们对自己的注意力和对自我批评的控制力有多差。镜子可以成为帮助我们收回注意力，且有意识地选择如何看待自己的工具。**我们可以学会更巧妙地利用它们，带着善意提升自我认知。请不要害怕直面自己！**

 试一试

（1）数一数你每天照多少次镜子。找到你在24小时内照镜子的实际次数。大多数智能手机都有计数功能，设置一下，让它记录下你一天内照镜子或反光表面的次数。

（2）看看自己能否一整天不照镜子。这种体验会让你产生什么感受？你会在什么时候最想念镜子？你会在什么时候觉得不照镜子是一种解脱？

7

3. 从生命初始，人们便开始注视脸庞

你是否有过这样的经验：你一边在和对方交谈，一边试着吸引对方的注意力？你正说着话，突然发现对方根本没在看你。不被注视或被忽视至少会让人感到非常不安，有时甚至会让人感到痛苦。当我们在向别人表达自己时，我们似乎很需要来自对方的镜映。为什么这一点如此重要呢？

镜映是形成自我意识、学会理解情绪以及与他人相处的基础。我们最初的镜映体验就来自人们面对面的接触。对于人类来说，脸是一个独特的焦点。从一出生开始，脸部就对我们有着天然的吸引力。研究表明，婴儿从出生就会朝向人脸。例如，研究人员向刚出生 9 分钟的新生儿展示了一张普通的脸部图像和一张带有杂乱特征的脸部图像。当研究人员沿着新生儿的视线移动图像时，新生儿的目光追随普通脸部图像的时间比追随带有杂乱特征的脸部图像的时间更长。出生后的几个小时内，新生儿就能够熟练地区分母亲的脸和陌生人的脸。他们凝视母亲脸部的时间比凝视其他女性脸部的时间更长。几天之内，他们就学会了区分具有不同情绪的面部表情，比如快乐、悲伤和惊讶。在出生后的几个月内，

第一章
直面自己，引导自我意识

随着新生儿越来越擅长识别熟悉的面孔，面孔成了他们最喜欢的刺激源，新生儿也很喜欢直接的目光接触。他们对面孔的反应会不断增强，到 5 个月大时，婴儿就能将情绪表情（如悲伤的脸）与相应的声音表达（悲伤的声音）相匹配。到五岁时，幼儿识别和标记面部表情的能力已接近大多数成年人。

儿童通过早期互动发展自我意识。照料者会模仿或镜映婴儿的动作和情感表达。照料者会通过互动反馈让孩子知道：他们是独立的，他们的行为会在他人身上引起反应。人们似乎需要自身之外的情境来自我认知，他人可以将我们反映为独立的个体，镜子也有此功效。

镜子已被证明是测试自我认知和社会意识的重要工具。如果我们能识别出镜中的影像就是自己，那么说明我们已经形成了自我意识。婴儿大约在 20 个月大的时候开始能在镜子中认出自己。在此之前，他们要么把镜子里的自己当成另一个可以一起玩耍的婴儿，要么把镜子里的自己当成某种奇怪而可疑的东西。这种自我意识的科学测量方法是趁孩子熟睡时，偷偷在他的额头上点上一个小印记或一个带有口红印子的吻。孩子感觉不到印记，也摸不到印记，因此不会知道这个印记的存在，但他照镜子时能看到印记。如果孩子已经有了自我意识，那么他照镜子时就会伸手去摸额头上的那个印记，这表明他已经知道镜中的影像就是他自己。

作为成年人，我们能够轻易认出自己的脸。脸具有特殊的意义，因为它对我们的身份和自我意识至关重要。研究表明，我们识别自己的脸（称为"自我面孔"）比识别我们所认识的其他人的

神奇的镜子冥想：
拥抱你内心的小孩

脸更快速、更准确。与熟悉的面孔（如家人和朋友的面孔）相比，这种自我面孔优先效应也会出现。因此，研究人员得出结论，这种优先效应的存在并不仅仅是因为我们很熟悉自己的脸，而是因为它对我们个人来说具有独特的信息。

例如，在一项研究中，研究人员想要了解这种特殊关系有多么深厚，非常快速地向参与者展示他们自己的脸，快到这种展示仅在他们的潜意识层面被感知。事实证明，在意识和潜意识层面都存在着自我面孔优先效应。即使是在潜意识中，也就是信息虽然在低于意识的阈值传送，但与他人的面孔相比，我们依然更善于识别自己的面孔。他们进一步发现，看到自己的脸（比看到其他人的脸）会释放多巴胺，多巴胺是一种与愉悦感相关的神经递质。

因此，即使我们并未有意识地察觉到这一点，但是看到自己的面孔也会给我们带来好处。也许这就是为什么，许多练习镜子冥想的人一旦克服了最初的自我批评，就会发现它能让人平静下来。

试一试

（1）在与他人通电话时，对方没有给你提供任何视觉输入。试试看：一边讲电话一边照镜子。当你与他人交谈时，镜子里的自己给你什么样的感受？

（2）想一想那些在你生活中的人，以及那些你已经认识很久的人。你觉得哪些人真正看到了你？哪些人没有看到你？详细描述一下被看到和没有被看到让你产生的感受。

4. 照镜子有助于协调感受与姿态

你在镜子前跳过舞吗？你在面试或约会前对着镜子练习过问候别人吗？我们似乎从直觉上知道，镜映反馈可以帮助我们协调与他人和周围环境的关系。镜子提供了一种独特的视角，帮助我们适应环境。我们需要这种镜映反馈来调整自己，以适应不断变化的社交环境。

镜子在我们体验自己在空间中的身体形态方面起着一定的作用。面对着镜子锻炼就是一个很好的例子。当我们面对着镜子锻炼时，究竟会发生什么呢？这取决于我们如何使用镜子。关注点不同，镜子产生的效果也会不同。下面来分析一下在健身场所和其他地方使用镜子的常见方式，也许连我们自己都没有意识到这些。

首先，镜子是检查体态的绝佳工具。当然，至少从理论上讲，这也是健身房里放着镜子的主要原因。在重量训练和耐力运动中，保持正确的姿势对避免受伤至关重要。即使在健身房以外的场所，我们也经常用镜子来检查自己的姿势和体态。也许你有过这样的经历：经过反光玻璃时，你瞥到自己的影子，然后震惊地发现自

神奇的镜子冥想：
拥抱你内心的小孩

己看起来没精打采、歪歪扭扭。你甚至从前并未意识到这一点。我们的身体会逐渐习惯于歪斜，甚至在看到自己的影像之前我们都没有意识到这一点。这些扭曲的体态和动作习惯最终会成为受伤和慢性疼痛的根源——除非我们从镜子中发现这一点并做出改变。

镜子还能让我们看到自己在物理空间中的位置以及与他人的关系。因此，这种视角对于共用舞台、需要协调动作的舞者和演员来说很有帮助。有了镜子，我们就能从更广阔的角度了解自己相对于其他人的位置。但专注于体态和姿势可能会影响本体感觉的发展，本体感觉是一种无须观察或思考就能感知身体各部分相对位置的能力。

本体感觉关注的是身体运动时的内在感觉，而不是身体的外观。研究表明，一般来说，在执行身体任务时，关注外部（专注于自己的动作如何影响周围环境）比关注内部（专注于特定身体部位或肌肉群如何运动）能带来更好的表现。例如，在篮球比赛中进行罚球投篮时，如果把注意力集中在篮筐上而不是手腕的动作上，效果会更好。在射箭时，要关注的是靶子，而不是拉弓时肱二头肌的感觉。关注外部可以让久经练习的动作自如展开，而不需要太多的特意关注，这比通过脑力直接控制复杂动作更为有效。

那么，照镜子时关注的到底是内部还是外部呢？兼而有之。想象一下，我们和一位舞伴一起跳舞，他的动作跟我们完美同步。我们可以利用镜子在关注内部（本体感觉）和关注外部（身体在

第一章
直面自己，引导自我意识

空间中移动的方式和位置）之间来回切换，以此提高自己的协调性。有了镜子，我们就有了一个独特的外部关注点，可以从外部观察自己。

另外，镜子可以通过反映呼吸质量和肌肉紧张程度来帮助我们培养内在专注力。我们可以用镜子观察自己的体态：有没有哪些身体部位在不必要地紧张着？例如，是否能让肩膀或下巴放松下来？试着面对镜子观察自己的呼吸模式，是否主要用胸部呼吸？在移动时会屏住呼吸吗？可以对着镜子练习腹部深呼吸。研究表明，缓慢而深沉的腹式呼吸能提高专注力和当下的意识。深呼吸也是减轻焦虑、让自己平静下来的有效方法之一。因此，当我们在最喜欢的健身场所看到镜子中的自己时，克制住将自己与超级明星运动员进行比较的冲动。相反，可以把注意力集中在自己的体态、协调性和呼吸上，用自己的影像来集中注意力，把自己放在中心位置。

对于幻肢的研究是镜子帮助人们与身体建立联系的另一个绝佳例子。幻肢是指肢体缺失或被截肢后仍然存在身体上的感觉。60%～80%的截肢患者会在截肢后感到幻肢疼痛。镜像疗法可以帮助截肢患者和神经受损患者与身体重新建立联系。镜像疗法是如何发挥作用的呢？除了视觉，还可以通过本体感觉来体验自己的身体，本体感觉是指通过身体内部的刺激来感知运动和空间方位。利用镜子制造视觉异常的实验表明，大脑渴望在视觉和本体感觉之间保持一致。例如，布置镜子使得左手看起来像是右手，通常会产生一种困惑和迷失方向的感觉。

神奇的镜子冥想：
拥抱你内心的小孩

V. S. 拉马钱德兰（V. S. Ramachandran）发明的镜箱实验可以减轻幻肢疼痛。在镜箱中间放上两面镜子（各朝一面），其中一面镜子面对着患者完整的腿，患者一边移动这条腿，一边观察镜子中的影像，看起来就好像是完整的腿和截肢的腿同时在移动。一些研究发现，这种方法可以减轻幻肢疼痛。似乎镜子创造了受影响肢体的一种反射性幻觉，欺骗大脑使其认为在没有疼痛的情况下发生了运动。这项研究表明，人们是多么依赖镜映来衡量自己的体验的。照镜子所产生的作用可能比我们意识到的更大。

试一试

坐在镜子前，慢慢移动身体的某个部位。稍微歪一下头，将注意力从观看头部倾斜转移到感受头部倾斜上。慢慢抬起手臂，观察镜子中的手臂。然后将注意力转移到手臂移动时的感觉上。感受手臂移动时空气的轻拂，或袖子与皮肤的摩擦。尝试将注意力从观察身体移动转移到感受身体移动上。注意：当你在这两种不同的自我意识状态中来回切换时，会产生哪些想法和感受？

5. 自我意识的两面性

镜子能让我们了解我们是如何看待自己的。自我意识似乎是件好事，因为它能让我们认识自己，理解自己的动机，并最终做出更好的决定。但它也会让我们质疑自己，陷入一种痛苦的自我意识状态，对自身想法和行为的每一个细微之处都进行微观分析。镜子能增强自我意识。长时间地审视自身，往往会唤起一种令许多人感到不适的自我意识。这是为什么呢？我们怎样才能学会驾驭自我意识，让它成为了解自己和善待自己的源泉，而不是让它无情地放大我们的每一个缺陷和瑕疵呢？接下来，让我们仔细分析一下自我意识的两面性，看看它们是如何发挥作用的。

首先，内在或私人的自我意识是一种元认知过程，在这一过程中，我们从观察者的角度来审视自己的思想。当我们意识到自己的某些方面时，内在自我意识就会出现，但只是私下出现。比如，我们可能会注意到自己总是不停地想着某个念头；当我们发觉自己把手机落在餐馆时，或许会有胃部下沉的感觉；而当看到心仪的人走进房间时，我们会出现心跳加快的情形。

其次，当我们意识到自己在他人眼中的形象时，就会产生外

神奇的镜子冥想：
拥抱你内心的小孩

部或公众自我意识，此时我们采取了公众观察者的视角。也就是说，我们意识到别人可以看到我们，然后开始揣测他们眼中的自己是怎样的。外在自我意识通常会在我们成为关注焦点的情况下出现，比如当我们做演讲时或与一群朋友交谈时。这种类型的自我意识会驱使我们按照社会规范行事，而不是按照内心感受行事。当我们意识到自己正被注视并可能受到评价时，就更有可能努力做出被社会所接受和期望的行为。

这两种自我意识对于保持对自我的感受和驾驭复杂的社会互动都很有必要。例如，在鸡尾酒晚会上的谈话中，我们需要意识到自己的想法和感受，以便决定是否与他人分享这些。同时，还需要留意他人对我们的看法以及对我们所说的话的反应。然而，某些自我意识的习惯会让我们变得局促不安。

我们是否倾向于有更强的内在自我意识，并且通常具有较高水平的内在（或私人）自我觉察？如果我们的自我意识集中在内在，那么会更多地意识到自己的感受和想法，也就更容易坚持自己的价值观，因为我们能敏锐地意识到自己的行为给自己带来的感受。不过，我们也可能会更关注消极的内心状态，比如不愉快的想法和身体感觉。这种消极的内心状态可能会因为我们的强烈关注而被放大，从而增加压力和焦虑。

我们是否更倾向于意识到外在自我，并具有更高水平的外在（或公众）自我意识？如果我们的自我意识集中在外在，那么会更多地关注别人是如何看待自己的，并且经常担心别人会根据我们的外貌或行为来评判自己。我们可能会倾向于遵守群体规范，尽

第一章
直面自己，引导自我意识

量避免可能让自己难堪或感到尴尬的场合。因此，可能不太会冒险或尝试新事物，因为害怕在大家面前显得愚蠢或犯错。外在自我意识还可能会导致评价焦虑，在这种情况下，我们会因为担心别人对自己的看法而苦恼、焦虑或担心。**习惯性的、强烈的外在自我意识会导致长期问题，如社交恐惧症。**

那种自我意识的不适感只是暂时的，通常出现在我们"成为焦点"的情况下。大多数人都会时不时地产生自我意识。你有没有感觉过别人在看着你，评判你的行为，并等着看你下一步会怎么做？这种自我意识的增强会让我们在某些情况下感到尴尬和紧张。

那么我们该如何摆脱不舒适的自我意识状态呢？首先要意识到，对于把注意力放在哪里，我们是有选择的。然后，有意识地转移注意力。

如果我们处于外在自我意识状态，就把注意力从自己身上转移到他人身上。例如，我们正在做演讲，那么就把注意力集中在听众身上，与他们建立融洽的关系。不要把注意力放在自己身上，也不要关注自己有多么紧张，或者自己每时每刻的感觉如何。相反，把注意力向外集中。在交谈中，如果开始感到不自在，那么可以通过提出一个与对方有关的问题，把注意力转移到对方身上。**当我们感到焦虑时，往往会把注意力集中在自己身上，这通常会让我们更加焦虑。**在交谈中，记住要将注意力来回转移，不要抱着自我意识的球不放。

如果我们正处于一种不舒服的内在自我意识状态，比如陷入

神奇的镜子冥想：
拥抱你内心的小孩

了自我意识的思维循环，那么就将注意力转移到外在。看看周围的环境，找到一些美丽的东西，一些蓝色的东西。跟自己玩一个以新鲜眼光看待这个世界的游戏。调动感官：感受天鹅绒枕头的质感，闻一闻青草的味道，听听鸟鸣声，感受双脚压在地面上和空气拂过脸颊的感觉。将注意力向外扩展，把注意力从自己身上移开，帮助自己从自我审视中解脱出来。当处于不舒适的内在自我意识状态时，很难看到更大的图景。

> **试一试**
>
> 人们害怕照镜子的一个原因是，照镜子会唤起自我意识，但人们没有意识到自己可以控制注意力。你可以在照镜子时练习将自我关注从内在转移到外在，然后再转移回来。例如，过多的外在自我意识会导致自我物化。你可以转而凝视自己的脸，感受一下自己当下的感觉如何。
>
> 过多的内在自我意识则会放大不舒服的情绪状态。你可以换成观察者视角，就好像你在看着一个朋友经历这些不愉快的情绪。这可能会唤起你的自我关怀。通过将注意力向外转移，将自己调整为观察者视角。
>
> 意识到自己的关注点并学会敏捷地转变它，能够帮助你轻松驾驭复杂的情绪和社交场合。在后面关于情绪调节和与他人建立联系的章节中，将再次讨论这个问题。

6. 以正念的方式面对自己

如果我们长时间坐在镜子前，既没有目标，也没有指令，没有具体的意图时，会发生什么？换句话说，就是盯着自己看，我们可能会很痛苦！不带正念的强烈自我关注会导致反刍、自我偏执和焦虑。这会带来一种不舒服的自我意识状态，而不是自我接纳。

反之，一些方法会鼓励人们在面对镜子时对自己说一些积极的、肯定的话语。自我肯定大师露易丝·海（Louise Hay）在20世纪70年代推广了这种方法。在《周六夜现场》（*Saturday Night Live*）的喜剧小品中，虚构人物斯图尔特·斯莫利（Stuart Smalley）也对着镜子说肯定语。正如我们将在第三章讲到的，对着镜子说话有其优点，但也可能操纵你与自己相处的方式，让你意识不到自己的真实感受。你有没有过这样的经历：在辛苦了一天之后，你满心期待地想见到朋友，只是想和他一起玩，享受他的陪伴，他却喋喋不休地告诉你，你有多棒，和你在一起有多开心，等等。或者在你感到悲伤时，你的朋友却不停地列举所有你不应该感到悲伤的理由。当我们不断地感觉到自己必须有某种感受时，我们会觉得很烦躁，即使告诉我们应该有那种感受的人是

神奇的镜子冥想：
拥抱你内心的小孩

我们自己。所以，有时候，对自己说那些肯定语就像是在对自己使用"煤气灯效应[①]"！

本书中介绍的镜子冥想首先是一种无声的练习。它能让我们发现自己当下的状态和真实的感受，而无须去改变它或者用笑容掩饰它。**镜子冥想练习建立在正念冥想的三个关键目标之上：关注当下、开放觉知[②]和善待自己。**

关注当下，意味着将注意力保持在此时此地。当我们发现自己的思绪开始飘到过去或将来时，就轻轻地回归此时此地的自己和镜中影像。记住，这是一种带着正念的自我意识练习。我们的思绪会自然而然地从一件事情转向另一件事情。有经验的冥想者与新手冥想者的区别并不在于思绪飘走的频率，而是他们能够多快速、多自如地再次回归当下。因此，我们只需练习让注意力回归到当下的自己，放下任何自我评判，并知道无论自己怎么做都没关系。

开放觉知，意味着接纳当下可能会出现的任何事物。当我们凝视自己时，可能原以为自己会很挑剔，实际上却感到了一阵欣喜，反之亦然。或者，也可能会在自己身上看到一些以前从未见过的东西。冥想时，要对一切可能出现的事物敞开心扉。放下关于冥想过程中应该发生什么，甚至希望发生什么的先入为主的想

---

① 煤气灯效应，一种心理操纵手段，通常涉及操纵者与被操纵者之间的复杂互动，广泛存在于各种人际关系中。在该效应中，操纵者通过削弱被操纵者的自我认知，包括记忆、感知和判断力等，实现对其行为和思维的影响和控制。——编者注

② 觉知，个体对自身及外部世界的感知和认知过程。——编者注

法。当我们放下评判，开放觉知，可能会对浮现在意识层面的事物感到惊讶。

善待自己，是指凝视自己时要抱有关爱和尊重的态度，即带着善意去觉察。这个要素很关键。反社会人格者也能够将注意力集中在当下，对任何可能发生的事情抱有开放的觉知，不过他们肯定缺乏善意！试着用善意的眼光看待自己。对自己外貌的评判可能会进入我们的意识，凝视自己的形象可能会让我们回忆起过去发生的事情，这些可能会带来强烈的情绪波动。无论我们体验到了什么，都要记得像对待亲爱的朋友一样关爱自己。是的，这需要练习！**当我们带着这些目的凝视镜子进行练习时，镜子就会成为一种工具，将自我批评和自我物化转变为自我接纳和自我同情。**

试一试

坐在镜子前，练习正念冥想的三个方面。用镜中影像将注意力带到当下，对体验过程中所浮现出的任何事物保持开放和好奇，并尽力对自己怀有善意。在这些方面中，你觉得哪个最容易？哪个最难？为什么？

7. 准备好尝试镜子冥想了吗

以下是开始每日对镜冥想练习的五个基本步骤。

（1）设定空间和意图。

选择一个光线充足且没有干扰的空间，在这里可以摆放一面立式镜子，这样无须费力或前倾身体就能看到自己的眼睛。坐在冥想垫上或椅子上，双脚平放在地面上。再设置一个十分钟的闹钟，在这段时间内不带其他的目的，与自己坐在一起。

（2）调整呼吸。

开始时闭上眼睛，倾听自己的呼吸。你在屏气吗？或是在急促地呼吸吗？做几次缓慢的腹式深呼吸，然后有规律地自然呼吸，吸气时呼吸带动腹部、肋骨和锁骨，呼气时轻轻收缩锁骨、肋骨和腹部。要注意感到紧张的身体部位，尤其是脸部和肩部，然后想象用呼吸来放松这些部位，消除紧张感。

（3）开始凝视自己的眼睛。

当你开始凝视自己时，注意呼吸是否发生变化，并恢复平稳的呼吸。留意你的目光：它是严厉的，还是柔和的？尽量让目光柔和下来。如果发现自己因为专注于外表的某个细节或缺陷而变得严厉，请保持呼吸，直到感觉自己再次变得柔和。

（4）观察内心中的批评者。

如果你看向自己时的第一反应是挑剔，那么请注意凝视自己的眼神，你的眼神可能是苛刻的，甚至是严厉或冷酷的。现在，看看是否能把注意力从盯着镜子中的审视者转移到镜子中被审视的人身上，那才是真正的你。承受着这些批评的你会有着怎样的感受？

（5）留意你的注意力去向何处以及与之相关的感受。

凝视你在镜中的影像，对浮现出来的任何内容都保持开放态度。注意出现的任何感觉或情绪，允许它们存在，不要进行任何评判或解释。在你呼吸、放松身体、凝视自己的同时，允许感觉和想法流动，不带任何其他的目的，只为与自己同在。留意你的注意力是否变得非常狭隘和苛刻，如果是，那么看看你是否能扩展它，让它回归你的整个身体、整个自我，并留意你脸上出现的任何情绪。观察这种注意力的扩展和收缩，以及脑海中浮现的想法和画面。看看你的注意力会去向何处，以及与之相关的感受，不要做任何评判。在练习时，对自己保持善意。你可能会惊讶地发现，在十分钟之内，你对自己的看法会产生多么大的改变。最重要的是，要对自己保持善意。

许多人发现，凝视自己十分钟是一件很有挑战性的事情。可

神奇的镜子冥想：
拥抱你内心的小孩

能会难以忍受镜子反映出的大量自我批评。但请记住：批评你的不是镜子，而是自己。镜子只是在聚焦和放大你对自己的关注，它可能映照出了你的评判、故事、评价，等等。所有在传统的闭目冥想中会有的那些思绪游离，在对镜冥想中都会发生。就像常规冥想一样，它可能会提升你的觉知，并加强那些习惯性的思维游离。在镜子前冥想的体验是独特的，因为你可以通过脸上出现的情绪看到这些想法是如何影响到自己的。

　　如果你觉得坐十分钟太难，也可以从对镜冥想三分钟开始，以后再延长到十分钟。或者可以尽可能长时间地凝视自己，然后有意识地休息一下，移开视线或闭上眼睛。之后再回到对镜冥想中。

8. 与抗拒为友

直面自己会让你感到不舒服吗？那么，分心是逃避不适感的常见方法，人们常常会分心。我注意到，人们似乎有一套自己独有的分心模式，来让自己远离当下，但这让他们无法获得更多自己当下想要的东西。带着善意看自己是改变它的第一步。以下是一些在镜子冥想中可能抗拒与自己同在当下的常见方式，以及一些应对方法。

如果你觉得有点昏昏沉沉，试试扭动脚趾，并让双脚稳稳地踩在地上。有些人在进行镜子冥想时甚至会产生幻觉。确实有一些神秘的修行方法利用镜子让人进入其他意识状态。研究知觉的心理学家认为这种现象是一种自然产生的光学错觉，称为特克斯勒消逝效应（Troxler's effect）[①]。总之，我鼓励你不要放弃，坚持下去，与自己保持同在。

如果你发现自己有在镜子前调情或自我娱乐的冲动，那就带

[①] 特克斯勒消逝效应，由瑞士物理学家特克斯勒于1804年发现，是指当一个人的目光聚焦在某个固定点上20秒或者更长时间之后，在该固定点周围，也就是在观察者余光中的其他视觉刺激源，将会在观察者的视野中慢慢淡化直至消失。——译者注

神奇的镜子冥想：
拥抱你内心的小孩

着同理心去觉察自己的这种社交习性。也许你习惯于觉得自己必须做些什么才能感觉良好（或让别人感觉良好）。这种习惯可能来自童年经历或社会期望。不管怎样，看看是否能放下这种冲动，坦然面对如果什么都不做可能会发生的事情。通过放下必须有某种感受或呈现出某种样子的执念，你会更深入地了解自己的感受。看看什么都不做，仅仅是和自己待在一起，会是什么感受。放下想要操纵体验或改变心情的冲动。

如果你在寻找可以与之比较的对象（或人），那么你可能习惯于寻求肯定，想要确认自己做得对或做得比别人好。请考虑一下：可能并不存在对镜子冥想的正确或错误做法。如果想用某种优秀的标准来衡量自己，让自己感到有价值，甚至比别人优越，那么很遗憾，进行对镜冥想的方式没有好坏之分。没有必要拿自己和别人比，因为这里面没有任何衡量表现的标准。所以这是一个绝佳的机会，让你放下比较的习惯，从竞争中解脱出来，做回自己。

如果你感觉好像缺了点什么，并且有一种想要找出它是什么的冲动，考虑一下这种可能性：缺失的正是你自己。你可能习惯了从第三人称视角出发，也就是想象自己在别人眼中的样子，而当你停止这样做时，就感觉身边什么都没有了。我向你保证，你内心有很多东西有待发现。试着放下用其他东西来填补这种空虚感的冲动。尽可能地与自己待在一起，什么都不做，只是和自己在一起。善待自己，保持耐心，坚持下去。

每次进行镜子冥想时，你的体验可能都会有些不同。我鼓励

第一章
直面自己,引导自我意识

你坚持下去,坚持与自己待在一起。保持耐心,就像陪伴一位挚爱的朋友一样,让新的自我认知方式在当下浮现。

第二章

过度重视外貌，会让人分心

9. 人类的"自虐三部曲"

"我宁愿不看!"

"受不了这些鱼尾纹。"

"我年轻的时候看起来很不一样。"

"我牙齿上的缝隙太令人尴尬了!"

"我总是注意到脸上这个很大的痘痘。"

"我的一只眼睛比另一只大。"

"没想到我的耳朵这么大。"

每当人们知道我教授镜子冥想时,他们总是会说:"我讨厌照镜子!"紧接着,他们就会对自己的外表提出经典的"三大批评":"我太胖""我太老""我太丑"。我把这"三大批评"称为"自虐三部曲"。这三个主题有无限的组合和变化,但它们都有一个共同点,就是以无比残酷的方式看待自己!研究发现,80%以上的人对自己的外表不满意,而照镜子会提醒我们的不完美。

本节将讨论为什么人们经常以自我批评的态度照镜子,以及为什么当人们刚开始照镜子时,倾向于把自己当成一件物品。我们可以通过镜子冥想处理外表问题的方法,学会放下自我批判,

神奇的镜子冥想：
拥抱你内心的小孩

摆脱对外表的关注并让自己放松下来，从而更深刻地认识自己。

人类有一种天生的消极偏见，即相比积极因素，更倾向于看到消极因素。与积极因素相比，消极因素往往更突出，对情绪的影响也更大。对于负面事物的描述，我们往往有着更细致、更详尽的词汇。例如，我们会说"我的鼻子上有个小红疙瘩"，但把注意力转移到正面特征时，通常只会说"我的头发看起来不错"之类比较笼统的话。

消极事物像磁铁一样吸引着人们的注意力。比如，在有关印象形成的实验中，科学家控制和平衡了积极信息和消极信息的数量，但人们会花更多的时间去关注消极信息。在观察消极信息时，参与者的眨眼次数更多。眨眼次数多，说明认知活动更活跃，参与者的瞳孔直径、心率和外周动脉张力也会明显上升，这些生理表现意味着人们对消极信息的注意力和警觉性高于积极信息。

除了通过眨眼现象获知以外，现实生活中也有大量证据证明这种注意力偏差。就像"流血事件占头条"这句话所说的，坏消息能提高报纸销量；大部分引人入胜的小说和电影中都充满了动荡不安的负面事件。不管是在实验室还是现实世界中，都有确凿的证据表明，消极信息通常比积极信息更能吸引人们的注意力。为什么会这样呢？

我们的感知和认知之所以会如此，是因为我们需要对潜在的问题投入更多注意力和认知资源。人类的大脑天生倾向于寻找问题，因为这些问题可能预示着潜在的威胁和危险。当我们观察一项事物时，不管是什么事物，如果没有明确的意图去看到好的一面,甚至保持中性,那么就会自动开始寻找问题、缺陷和需要修正的地方。当然,审视自己时也不例外。

在进化和社会化的共同作用下,我们对镜中自己的批评通常涉及三大主题:老、胖、丑。我们看重年轻、苗条和美丽。进化心理学家告诉我们,这些品质是繁衍能力的标志,驱使我们对完美设定偏好和标准。**当我们把注意力集中在所谓的外貌缺陷上,而没有认识到这种苛刻的自我批评是如何影响着我们,那么我们会一直痛苦下去。**然而,想要抵制住将自己与媒体中看到的年轻、苗条、美丽的形象进行比较的冲动,是一件非常具有挑战性的事情。

10. 如何避免自我物化

当被问及照镜子会看到什么时，很多人会列出一系列身体部位：头发、鼻子、眉毛等。镜子是我们欣赏、审视和评价外貌各个方面的主要工具。通过镜子，可以看到自己在别人眼中的样子，其中会有一些令自己不满意的地方，这让我们有强大的动力尽可能打扮得漂漂亮亮、讨人喜欢。魅力与许多好处联系在一起：赚更多的钱、吸引理想的伴侣、讨人喜欢、看起来聪明。我们把美丽与成功以及其他一切美好的事物联系在一起。美丽的外表随处可见，提醒着现实社会对外在形象的重视。

然而，过于看重自己的外表确实存在风险，它可能导致我们过度地审视自我。我们如果以一种旁观者的视角审视自己的身体，并且将过多注意力放在剖析外表上，就会忘记我们在当下以及在生活中的感受。

你有没有注意到，在对着镜子梳妆打扮时，会觉得离自己好像很远，或者说与自己本身脱节了。就好像我们看着自己，但并没有真正地看到自己，只是把自己看作他人眼中的自己，这就是所谓的"自我物化"。我们将自己视为一个形象———一个物体，而

第二章
过度重视外貌，会让人分心

不是一个具有复杂情感的人。数字媒体上的完美形象强化了这种自我物化。通过源源不断的图像，我们了解到社会认为什么是美，什么是不美。不断地接触这些理想化的图像，使得我们将自己的身体特征物化，然后与那些不切实际的标准进行比较。

女性比男性更容易自我物化，因为有更多的社交暗示和社会标准在告诉女性，她们的外貌正受到关注和评价。调查发现，十位女性中有八位对镜子中的自己感到不满意，这并不令人惊讶。媒体将女性形象包装得尽善尽美，创造了几乎不可能达到的美丽标准。要苗条、年轻、性感，但又不能太性感，这些压力似乎来自方方面面。因此，当我们照镜子时，看到的是一个需要修正的形象，而不是一个正在遭受自我批评的有血有肉的人。当我们用镜子来检查外表时，可能根本没有注意到自己的感受。

自我物化现象在少女中最为普遍，并随着年龄的增长而降低，这符合女性在整个生命周期中在外貌方面所经历的社会压力历程。常年接触理想化的媒体形象会加强自我物化，同时也会增加焦虑、负面情绪和对身体的不满。青春期女孩早期的自卑及抑郁情绪就与自我物化有关。

在一项实验中，心理学家使用一款智能手机应用程序在一天中的随机时间给参与者发送提醒，让他们报告自己的经历。心理学家发现，大多数女性每天在各种情境下都会经历引发自我物化的事件。这些经历对女性的幸福感产生了负面影响，表现为她们的活力感、积极情绪以及对当下的投入感都有所减弱。

站在别人的角度来看，自我物化的人不可能活在当下。自我

神奇的镜子冥想：
拥抱你内心的小孩

物化会降低心流状态的频率，损害认知能力。所以，如果想降低一个女孩的数学成绩，就让她穿着泳衣做题，周围再放一堆时尚杂志。自我物化还会增加身体羞耻感、神经质、负面情绪和抑郁症状，并导致对身体感觉和情绪的意识减弱。

研究人员将镜子作为加剧自我物化的有效方法。在经典的泳衣 / 毛衣实验中，参与者被随机分配在全身镜前试穿泳衣或毛衣。正如我们猜到的那样，穿泳衣的人比穿毛衣的人体验到了更多的自我物化。女性如此，被要求穿上泳衣的男性也是如此。

自我物化也降低了我们对身体感受和情绪的意识。照镜子时，我们会把自己看成"物品"，而不是有血有肉的人。许多女性习惯性地将镜子中的自己与媒体上的理想化形象进行比较，这会加剧羞耻感和焦虑感。对自己如此挑剔的审视也会带来痛苦。

自我物化需要大量的情感和认知资源。当我们把时间和注意力都放在外表上时，对其他问题的关注就会减少。自我物化还有一些有趣的政治影响。例如，一项名为"物品不会反对"的研究发现，自我物化会阻碍公共活动的推进。在调查问卷中表示重视自己外表胜过自身能力的女性，不太可能去做促进妇女权利提升的事情，她们更可能满足于现状。在另一项研究中，通过要求女性参与者回忆她们经历"男性凝视"的时刻，她们感到自己被性物化，从而激活了自我物化。在这种被诱导的自我物化之下，她们支持女性权利议题的可能性降低了，更倾向于认为事情就应该像现在这样。这些研究共同表明了一件有趣的事，对女性外貌重视的文化以及女性从男性那里得到的频繁的注视，使得女性不太可能争取自己的平等权利。

11. 严重自我物化背后的神经科学

使用镜子进行日常梳妆打扮，会激活默认的自我物化。它夺走了我们身处当下的注意力，让我们的情绪麻木，并让我们的自我认知扭曲。为了研究这在最根本的层面上造成了多大的影响，让我们来看看被称为躯体变形障碍（body dysmorphic disorder）的病态自我物化案例。大多数人都会在某种程度上自我物化，大多数人也希望至少在某些方面改变自己的外貌。但有 2% 的男性和女性患有躯体变形障碍，这是一种精神疾病，其特征是持续地执着于身体的某个或某几个部位，给自己造成严重困扰，影响了日常功能。

对于躯体变形障碍患者来说，他们的身体缺陷（真实存在的或想象中的）主宰了他们的生活，而这些"缺陷"可能对其他人来说几乎看不出来，甚至根本不存在。躯体变形障碍患者的症状不仅仅是在照镜子时感到不安。一些关键特征能够把身体变形障碍与对自身外貌的一般程度不适感区分开来。

首先，躯体变形障碍患者对身体的某一特定部位会持续关注，常见的身体部位包括头发、皮肤、鼻子、胸部或腹部。他们经常

神奇的镜子冥想：
拥抱你内心的小孩

会连续数小时或数天纠结于这个特定的身体部位。他们眼中的缺陷可能只是轻微的不完美，或者外表根本看不出来，所以其他人一般不会注意到。对身体部位的全神贯注干扰了他们的日常生活，因为除了自认为的缺陷以外，他们无法专注于任何其他事情。其次，躯体变形障碍患者会出现社交焦虑。他们往往会回避社交场合，因为他们害怕别人看到自己的缺陷，然后嘲笑和拒绝他们。最后，躯体变形障碍患者有强迫性或重复性行为，比如过度梳妆打扮、试图用化妆品掩盖缺陷、寻求手术和其他改变身体部位的方式。但这些行为充其量只能暂时缓解症状。

躯体变形障碍患者在视觉处理方面也有障碍。也就是说，他们不仅仅觉得自己有这种缺陷，而且在照镜子时看到的也是扭曲的形象。脑成像研究发现，躯体变形障碍患者的面部处理模式受到干扰，包括面部识别和情感处理异常。他们的大脑在所谓的整体处理和局部处理之间存在失衡。在识别和辨认刺激物方面，人们的感知由两部分组成：局部加工和整体加工。局部加工是通过单个特征或元素来识别刺激物，而整体加工则是通过整体形状和特征之间的关系来识别刺激物。脑成像研究显示，躯体变形障碍最常见的特征之一就是：与整体形象相比，更关注外表的具体细节（局部）。躯体变形障碍患者在观察人脸时通常会出现异常的大脑激活模式。他们专注于面部的微小细节，而无法真正看到面部整体。

这种对细节的极度关注使躯体变形障碍患者难以识别面部情绪。当被要求按情绪表情对人脸进行分类时，他们的反应较慢，

第二章
过度重视外貌，会让人分心

准确率也较低。具体来说，他们有一种识别偏差，即难以识别负面的面部情绪，如愤怒、恐惧或悲伤。而且，他们经常把中性的面部表情解释为蔑视或厌恶，这可能与他们害怕被他人批评和拒绝有关。许多躯体变形障碍患者都有社交焦虑症，这更加让他们担心自己眼中的身体缺陷会遭到批评。因此，他们对被拒绝的恐惧似乎真的扭曲了他们对别人面部表情的感知，也损害了他们在社交互动中解读情感线索的能力。

有一项关于眼动跟踪的研究，观察了躯体变形障碍患者按情绪对面部表情进行分类时的视觉扫描路径。他们的眨眼次数更多，对突出的面部情绪特征（如眼睛、鼻子、嘴巴）的关注更少，长时间凝视的次数更少，平均眼跳幅度更大（表明他们的眼球转动更频繁）。躯体变形障碍患者一般使用两种眼球扫描路径模式：在"检查"模式中，他们会长时间注视他们所关注的特定面部特征，而在"回避"模式中，他们则会注视不显著的面部特征，如头发或下巴。

当躯体变形障碍患者照镜子时，很难识别自己的情绪。他们可能会把注意力集中在自己的缺陷上，从而避免被焦虑和负面情绪淹没。他们扭曲的认知可能是一种防御，保护他们不去感受最脆弱和最焦虑的情绪。

心理学家尝试过利用镜像暴露和视觉训练技术来改变躯体变形障碍患者对自己的看法。在这些研究中，心理学家控制镜像暴露的程度，并引导参与者转移注意力。这些干预措施是有效的，躯体变形障碍患者在接受镜像暴露疗法后症状有所减轻。他们不

神奇的镜子冥想：
拥抱你内心的小孩

再执着于自己的缺陷，也不再对自己的形象产生太大的负面反应。

一些心理学家认为，躯体变形障碍是在长期照镜子的习惯中形成的。人们会用镜子观察自己眼中的外貌缺陷，并且非常沉迷，以至于随着时间的推移，感知被永久地扭曲了。这有点像鸡生蛋还是蛋生鸡的问题：镜子到底是制造者还是反映者？是镜子制造了对身体的不满和扭曲，还是镜子仅仅反映了（或许加剧了）已经存在的身体形象感知问题？

镜子会增加自我关注度，而自我关注往往会激活消极偏见，导致我们审视自己，寻找缺陷，这是普遍的默认感知模式。进化让我们学会了寻找问题和威胁，而不是祝贺自己一切顺利。因此，即使没有躯体变形障碍的人，在没有特定目的的情况下照镜子，往往也会导致更多对外貌的不满。

12. 转变自我审视的态度

在进行自我批评时，我们经常以为只有自己才这样。社交焦虑的一个根本原因就是害怕批评。然而，我们才是自己最大的敌人。一位记者曾问我："身体羞耻感的最佳治疗方法是什么？"我说："不要因为对身体感到羞耻而感到羞耻！"自我批评是正常的，每个人都会这样做，适度的自我批评对我们的进步大有裨益。但是，我们必须正确看待自我批评。

我做过一场 TEDx 演讲，这是一个我分享镜子冥想疗法的绝佳机会，因为我真的相信这是一个值得传播的方法。但是，当我看到视频中的自己时，我退缩了：我看起来又老又胖又丑！我有种想要找一条地缝钻进去躲起来的冲动。这种感觉非常强烈，这让我倍感羞愧。我可是那位宣扬善待自我和自我接纳的"镜子女士"，而我却在这里为自己大感尴尬。毕竟，我应该树立一个榜样才对！后来我意识到：仅仅因为自己看起来不完美就试图把演讲"藏起来"，这比不那么在意自己的外表并把信息分享出去更加自恋和自私。这句话听起来可能很简单，但对我来说是极大的治愈。

以善意和清晰的态度接受自我批评，是在生活中前进和实现

神奇的镜子冥想：
拥抱你内心的小孩

目标的关键——尽管并不完美。归根结底，关键不在于我们看起来有多完美，而在于我们所做贡献的质量。与我共事过的每个人，无论是年轻、光彩照人的超级名模，还是相貌平平的中年人，都会看到自己外貌上的缺陷。我们都有自己想要改变的地方。很多人都有令人心酸的人生故事，讲述着他们的外表如何改变他们的命运。不同的自我批评有不同的内容。但是，镜子似乎总能揭示人们的自我批评对自身的影响有多大。

镜子反映出我们的思绪是多么的难以驾驭，而且我们的默认做法就是寻找问题。镜子甚至会放大这一过程，但也可以用它来提升我们的意识，缓和这一过程，从而让我们对这一切看得更清楚。

起初，镜子会聚焦自我批评。如果我们想要提升自己的意识，会发现自己可以从这些批评中解脱出来。要做到这一点，并非回避它或假装它不存在，而是有意识地看清它，并转变视角。我们会意识到，镜子（或超模的照片）这类外界刺激是如何唤起我们的自我批评的，然后我们就能很好地驾驭自己的思绪，并控制自我批判的想法所唤起的情绪。

镜子提供了一个绝佳的机会来控制我们的关注点。我们可能会惊讶地发现，自己有多少时间和注意力都花在了关注自己的外表上。带着明确的目的照镜子，是超越外表、觉察自我批评的关键。把照镜子作为一种冥想，会让我们更清楚地意识到，我们是如何通过自我批评和自我物化来漠视自己的。当我们长时间注视自己时，就像创造了一个容器，一个探索的空间，在其中，可以更清楚地认识到自己是如何看待（和忽视）自己的。这能让我们放慢自我物化的过程，找出自我批评的诱因，深入了解看待自己的方式，以及这些方式如何影响着我们。这是一个机会，让我们以开放的意识和善意的心态关注自己的形象，放下审视，看到真实的自己。

13. 换位思考，善待自己

　　无论一个人的外表在别人眼里有多好看，他可能仍然觉得自己不达标。例如，作为一名成功的模特，克莱尔对自己的外表非常自信，她花费巨资购买各种最新的化妆品和美发产品，让自己看起来更漂亮。然而，每当克莱尔经过镜子时，似乎总有一些瑕疵能引起她的注意。她目不转睛地盯着镜子，光洁的嘴唇因厌恶而微微噘起，她开始从各个可能的角度审视自己的脸和身体。这一切对于她来说是痛苦的。在别人眼里，她是一个聪明美丽的女人。她的朋友称她为"超模"。然而，尽管她得到了别人的赞美和关注，尽管她为自己的外表付出了大量的时间和精力，可她从未对自己的外表感到完全满意。

　　当我们开始一起练习时，我建议她换一种方式看待镜子中的自己。我告诉她"开放意识"的正念原则。这个原则的意思是，我们可能有其他方式来看待自己，也可能有我们尚未发现的关于自己的事情。当克莱尔看着镜子中的自己时，我建议她对看待自己的方式保持开放态度。她练习在照镜子时只是意识到自己的想法，而不试图去改变什么。

第二章
过度重视外貌，会让人分心

这对她来说并不容易。没过几秒，她就看到了自己外貌上的一大堆问题。她的鼻子上有一颗小痘痘，她的头发没有梳好，等等。我建议她站在旁观者的角度，观察自己对镜中人的批评，当看到一个人承受着这样的贬低时，是什么样的感受？

这种视角的转变让克莱尔顿悟了。转移了焦点之后，克莱尔更加意识到这些批评对自己的影响有多大。她将注意力从看到自己所谓的不完美，转移到将自己视为苛刻评价的承受者。她突然意识到她对自己是多么的不友善。

她需要不断练习，才能改掉用挑剔眼光看待事物根深蒂固的习惯。最后，她终于明白，她在给自己施加痛苦，因为她从自己的脸上看到了这些痛苦。自此之后，她知道自己有能力随时随地转变视角——是镜子帮助她做到了这一点。

镜子为我们提供了一种将头脑中的事物外化的方法，这样我们就能通过不同的视角，看到想法是如何影响着我们的。对克莱尔来说，镜子冥想并不是要她肯定自己的美貌，以克服她习惯性的自我批评。相反，这个练习帮助她意识到她对自己是多么的残忍！当她第一次意识到这些批评对她的健康所造成的全面影响时，她感到很悲伤，这促使她更加善待自己。她对自己的新态度也促使她更加善待他人。她还发现，由于花在外表上的时间和精力变少了，她有了更多的时间去追求自己的激情和生命中更重要的事情。

当我们照镜子的时候，能把自己看作批评的承受者，而不是批评的对象吗？

神奇的镜子冥想：
拥抱你内心的小孩

14. 镜子能帮助人们应对衰老与被社会忽视

安是一名五十多岁的心理治疗师，她很乐意成为陪伴者和支持者的角色。她很谦虚，甚至很低调，不喜欢自拍和照镜子。然而，她对镜子冥想很感兴趣，认为这可能对她的来访者有帮助。我同意向她展示这项技术，但她好几次取消了预约。我约她喝咖啡，想知道发生了什么事。她坦言："我不敢直面自己。"随着年龄的增长，安尽量避免照镜子。她不想看到自己的外表与年轻时相比发生了怎样的变化，不想看到自己的皱纹、白发和赘肉。她只能对着浴室的镜子匆匆一瞥。但即使是这样，也让她充满了无望感。

因此，镜子冥想的方式在很大程度上超出了她的舒适圈。她宁愿认为这不适合她。但是，她的反对理由有些不太对劲。我注意到，安是一个回避赞美的高手。她想尽一切办法避免被看到。当我问及此事时，安承认随着年龄的增长，她开始觉得自己是个隐形人。年轻时，她一走进房间，人们就会转过头来看她。而现在，在职业和社交场合，她常常没有存在感。对此，她感到既悲伤又松了一口气，并逐渐接受了这个事实。

第二章
过度重视外貌，会让人分心

她决定听天由命，并认为她留在后方支持他人的人生阶段到来了。我建议她用欣赏的眼光看待镜中的自己，她需要注视自己，并承认自己一生中所经历的一切。我对安说，我们都有欣赏他人的基本需求。如果只有那些符合理想化美貌标准或想要利用别人的人才允许自己接受别人的赞美，那么就会造成失衡。所以，如果安能够接受来访者的关注、爱和欣赏，实际上对来访者是有帮助的。

安逐渐认识到，自我否定的态度妨碍了她出色地完成工作。镜子冥想帮助她练习更加自如地面对他人的注视和欣赏。通过多年的面对面心理治疗经验，她以身作则，成为一名专注的倾听者，现在她不再回避自己的能力被他人看到和欣赏。安逐渐领悟到，看到别人和被别人看到之间存在着平等的力量，这让她的心理治疗提升到了一个新的高度。她有很多智慧可以与他人分享，她的存在对那些愿意关注她的人来说具有巨大的价值。她也不再回避接触新朋友。安开始意识到，她的智慧为许多人的生活做出了很大的贡献。

过了四十五岁，大多数女性都开始减少照镜子的次数，而且很多人越来越感到被社会所忽视。**镜子可以成为一个宝贵的工具，帮助我们应对衰老的身体变化所产生的复杂反应**，虽然这听上去有些不可思议。随着年龄的增长，我们可以获得关于我们如何看待自己，以及他人如何看待我们的宝贵见解。

15. 接纳自己的外表

与其对着镜子批评镜中人的形象,不如在看自己的时候练习对身体的觉察。试试这个带有引导提示的镜子冥想三步骤,让我们的注意力回归身体,悦纳身体,并接纳自己的外表。

(1)感受身体的感觉。

设置一个舒适的冥想空间,坐在镜子前的椅子上,深呼吸几次。轻轻闭上眼睛,将注意力集中在身体上,尤其是皮肤表面。注意身体在物体表面的支撑(比如,大腿放在椅子上、脚踩在地板上)。注意被物体表面支撑的身体部位和没有直接接触物体表面的身体部位所承受的压力有何不同。注意衣服的质地与皮肤接触的感觉。注意与其他表面或衣服接触的皮肤和暴露在空气中的皮肤有何不同。感受空气拂过皮肤的感觉。注意皮肤的温度,比空气的温度高还是低?不同部位的皮肤表面温度是高还是低?一旦觉得自己已经感受到了皮肤表面的感觉,就进入下一步。

(2)练习让身体渐进式放松。

将注意力转移到呼吸上,以自己为中心。然后从脚底、脚趾

第二章
过度重视外貌，会让人分心

和脚跟开始放松身体的每一个部位。现在，放松脚踝、膝盖和大腿，让紧张从脚底排出。一边放松身体，一边留意呼吸，用呼吸创造更多的空间和放松感，而不是屏住呼吸试图让身体做些什么。

放松臀部、腰部和腹部，吸气时感觉腹部轻轻鼓起，呼气时感觉腹部轻轻收缩。吸气时骨盆会自然向后倾斜一点，呼气时骨盆会向前倾斜一点。想象一下，让呼吸为自己呼吸。如果感觉有点恍惚，扭动脚趾，感受双脚着地的感觉。

放松肋骨和中背部，留意身体的这一区域是如何随着呼吸轻轻扩张和收缩的。放松胸前和上背部，然后放松肩膀和上臂。注意手臂或双手是否握着或抓着什么，如果手中握着什么东西，不管是什么（真实的或想象的），看看能否通过放松下臂、手腕、手和手指来放开它。让大腿完全地支撑双臂，让紧张从指尖滴落。

让注意力来到后颈部，放松头骨下方的肌肉。放松喉咙前部，轻轻分开（或松开）牙齿，放松下颌。注意下颌的紧张如何与肩膀、手臂或双手联系在一起。

让脸部所有肌肉放松，让脸部完全松弛，面无表情。放松下巴、嘴唇和舌头。放松脸颊和眼睛后面的肌肉。放松眉间、前额和头皮的肌肉。

现在回到呼吸。当吸气时，注意是否有任何残留的紧张感，如果有，让它在呼气时消散。

（3）练习接纳的凝视。

在自然呼吸的同时，轻轻睁开眼睛，用柔和的目光看向自己

神奇的镜子冥想：
拥抱你内心的小孩

在镜中的影子。留意在注视自己时，呼吸和肌肉紧张方面产生的任何变化。以充满善意的心态感受这些反应。不要自我评判，只需放松和呼吸。记住，除了注视自己、看到自己和与自己待在一起之外，什么都不用做。

留意自己的目光是严厉的还是柔和的？是否在审视和检查自己的外表？试着打开视野，接纳自己，让自己的影子柔和地映入眼帘。留意呼吸，让呼吸也柔和起来。尽可能长时间地保持这种温柔的注视。如果发现自己的目光变得严厉起来——比如专注于外表的某个细节或缺陷——那就深呼吸，直到自己的目光再次变得柔和。通过用善意的目光注视自己，进而接纳真实的自己。对自己许下承诺，要与自己待在一起，练习自我观察，并放下对自己外表的自我批评。

深入练习

练习 1. 你用什么标签来描述你在镜中看到的影像？外貌？性格特质？当你注视着自己的影像时，大声对自己说出这些词语。感觉如何？你的自我意识有什么变化吗？

练习 2. 找出会引发自我批评和自我否定的媒体图像，然后采取措施，暂时限制自己接触这些图像，看看会发生什么。

练习 3. 列出你避免被他人看到的方式，并按照从不太舒服到最不舒服的顺序排列它们。你害怕别人认为你胖、老或丑吗？如果被人看到没有化妆、没有刮胡子或没有整理发型的你，你会感到恐惧吗？哪种情况最糟糕？你愿意看到自己的这些样子吗？

练习 4. 一个常见问题：在做镜子冥想时，说一些积极的肯定句，比如"我很美"之类的，会怎么样？如果你觉得自己很老、很胖或很丑，那么对着镜中自己的影像微笑，一遍又一遍地说："我很年轻、很苗条、很漂亮！"填满十分钟的冥想时间，这可能有助于避免自我批评带来的不适。但是，我鼓励你保持当下的真实想法，不要对自己使用"煤气灯效应"，认为自己无论何时照镜子，都必须感到积极向上或看起来完美无缺。忽视自己的真实感受会让你产生抵触情绪。与其用积极的肯定语来逃避不适，不如练习与自己待在一起，仅仅是观察，而不试图改变任何事或让任何事情发生。这样可能会有意想不到的发现。

第三章

觉察内心的自我对话

16. 为什么自我对话如此强大

想象一下，我们走在大街上，看到一个人在自言自语，我们可能会尽量避开他。自言自语被认为是怪人的习惯或者是精神不正常的体现。但事实是，我们每个人都在自言自语，难道你没有被朋友或家人发现过自言自语吗？尽管这样会很尴尬！其实，我们的内心对话一直在进行，偶尔会不小心说出一些话，但大多数情况下，这种内心对话都发生在脑海中。

自我对话对身体、情绪和心理健康有着巨大的影响。然而，我们可能会忽视它，或者至少低估了它的影响。我们可以利用镜子来探索自我对话，把大声说出自我对话的内容作为镜子冥想练习的常规部分。本章我们将了解各种形式的自我对话，并尝试使用镜子和视频做一些自我觉察的练习，了解自己的自我对话模式，驯服内心那个批评的声音，培养鼓励性的自我对话，从而获得最大的益处。

对着镜子或通过视频观察自己，是一种将内心对话外化的方式，让我们可以从不同的角度来观察。我知道看着自己自言自语似乎有点奇怪，也许还会让我们有些顾虑，这可能是因为对于大

神奇的镜子冥想：
拥抱你内心的小孩

多数人来说，自我对话基本上就是自我批评、自我评判，以及因为错误或不完美而自我责备。有了镜子，就可以直面自己内心的批评者们，因为很多人内心不止有一个批评的声音。

我们可以录制自我对话的视频，仅供自己观看！为什么要录制视频呢？因为这是一种强大的表达方式，可以把它比作日记。表达性写作或者写日记，可以写下自己的想法和感受，照亮内心世界的思想、情感和情绪。**研究表明，录制自我对话的视频对健康有很多益处，我们可以从视频日记中看到自己说话时的样子。**视频带有即时性和自发性，而这种特性在需要停下来写下东西时往往会消失。通过自我反思，我们会对自己的内心对话有更深的理解，从更广阔、更明智的角度来看，我们将会更好地管理自己的思想。

17. 自我对话的益处

自我对话的益处不胜枚举。本章将学习如何利用自我对话为自己带来最大的益处。下面来看一些研究，这些研究展示了当内心的声音支持我们而不是打击我们时，会发生什么。

自我对话可以提高认知能力，还可以帮助大脑更好地工作。 在测量认知能力的实验中，参与者先阅读指令，然后完成任务。一些参与者默读指令，一些则把指令大声朗读出来。结果显示，大声朗读有助于参与者保持注意力，表现得更好。在另一项研究中，要求参与者完成一项搜索物品的任务。研究发现，参与者一边找一边自言自语时通常能更快地找到物品，这表明自我对话能改善视觉处理能力。所以，当我们组装家具看说明书遇到困难时，可以试着大声把说明书读出来。如果找不到某样东西，也可以试着一边找一边自言自语。

心理学家发现，幼儿期的自言自语与学习新的运动技能有关，比如在伸手拿东西和学走路时会自言自语，像学习系鞋带这样更复杂的任务时也会自言自语。一些心理学家甚至认为，在思维没有游离时大声说话是认知功能超常的表现。因此，**自言自语不仅**

神奇的镜子冥想：
拥抱你内心的小孩

不会让我们发疯，反而会让我们变得更聪明。"疯狂的科学家自言自语，沉浸在自己的内心世界中"的形象也许有一定的道理，也许是这些天才正在利用自我对话来提高脑力。

自我对话可以增强自信。鼓励性的话语可以培养自信心和自尊心，增加成功的机会，这已经不是什么秘密了。即使鼓励来自自己，也能起到作用！研究人员发现，从网球到冲浪等一系列运动中，鼓励性的自我对话可以提高成绩。在这些研究中，研究人员将运动员分为两组，按照相同的训练计划进行训练，但实验组会进行自我对话。训练结束后，实验组的运动员自信心增强，焦虑减少。进行鼓励性自我对话还帮助他们提高了成绩。稍后我们将讨论积极的自我对话和镜子的作用。

自我对话可以帮助我们管理负面情绪。当我们遇到令自己不安的事情时，可以用自我对话来安抚自己。首先，让自己离开那个可怕的窘境；然后，用自我对话来转变视角。研究表明，**使用第三人称，即"她""他"或"他们"，而不是"我"来自言自语，是一种特别有效的让自己冷静下来的方法。**稍后我们将探讨从其他视角出发的自我对话。

在一个研究项目中，研究人员进行了两项实验，来衡量视角的改变会如何影响情绪。在第一项实验中，将脑电图仪与参与者连接，测量他们在观看从中性到令人不安的各种图像时的大脑活动。一组参与者以第一人称对这些图像做出回应（例如，"我觉得这幅图片令人很不安"）；另一组参与者则以第三人称做出回应（例如，"塔拉觉得这幅图片令人很不安"）。用第三人称的参与者

第三章
觉察内心的自我对话

的大脑情绪活动迅速地得到了缓解。在第二项实验中,参与者回忆痛苦经历的同时,连接着他们的功能性核磁共振成像仪测量着他们的大脑活动。以第三人称进行回忆的人在与痛苦经历相关的脑区中显示出了较少的大脑活动。这些研究结果表明,以一种有一定距离感的方式自我对话能帮助我们冷静下来,在复述事件时不会重新体验到事件带来的痛苦。

当自我对话具有目的性或以目标为导向时,以及当它以同情的方式进行时,是最为有益的。自我惩罚式的喋喋不休则没有多大帮助,反而会降低注意力,加剧精神痛苦。有时候,指导性的自我对话起不了什么作用,比如,像念咒一样对自己重复命令:"别担心了!去睡觉!别担心了!快睡吧!"这可能是我们做的最糟糕的事情!和其他技能一样,要想获得益处,就需要掌握自我对话的艺术。我们可以通过最受信任的镜子来做到这一点!

神奇的镜子冥想：
拥抱你内心的小孩

18. 拥抱内心的小孩：发掘内在养育者

我们的内心经常会有不同的声音：有的是善良有教养的（养育者），有的则非常挑剔和苛刻的（批评者）。养育者发出鼓励的声音，批评者则发出打击的声音。所有这些声音都是有目的的。内心的养育者带给我们自我同情和鼓励，而批评者则会帮助我们认识自己的错误，以及需要做出怎样的改变。但是，对于大多数人来说，批评者的声音太大了，它重复强调缺点，让我们感到羞愧和自责。批判者的声音是强有力的，而养育者的声音却往往微小且容易被忽视。

那么，怎么能发掘内在养育者呢？如何才能客观地看待自己，并取得平衡呢？有一些行之有效的技巧可以强化内在养育者，驯服内在批评者。我们可以通过镜子和视频，把这些声音从脑海中外化出来，让我们从一个新的视角来看待它们，并与它们打交道。

首先要做的就是探索内心那个积极、美好和滋养的声音。在一些宗教中，有"人性本善"的观念，它假定每个人的核心本质都是向善的。换句话说，人生来就是好的。但是，多年来我们一直被灌输的是要关注自己的缺点、不断地自我完善，所以渐渐与自己的向善本质失去了联系，转而认为自己的价值来源于成就和不断的进步。

在脑海中想一个你觉得基本上是好人的人。不需要是圣人，只要具备基本的正直和爱心就可以。然后，列出一个你认为基本善良的人的名单。留意一下，你是如何很快地看到他人的优点的，即使是你不太了解的人。你把这些优点应用在自己身上，自己难道不是一个不错的人吗？当别人时不时告诉你，你很不错时，要注意到这一点。在与别人的交往中留意这些感觉：别人很高兴见到你、很信任你、询问你的意见、想和你一起共度时光，等等。

可以试着用别人的眼光看待自己，认为自己本质上是好的、是有价值的。这可能很难做到，通常我们会觉得自己过于任性，甚至很自恋。但为什么不能挖掘自己的好呢？如果看到别人身上的向善本质是可以的，那让别人记住我们的向善本质也是可以的，为什么我们不能承认自己内心的善呢？我们能觉察到自己内心深处的真诚和爱意吗？它可能并不是那么明显或直白。我们能否逐步地信任自己的内在价值，让它渗入并充盈我们的心灵？无论发生了什么，永远记住我们在本质上是一个善良的人，而且可以永远从中获得安慰和力量。

> **试一试**
>
> 想一想你内心那些积极的声音。那些声音可能并不是来自你自己，而是来自那些看到了你的向善本质的人。你能想起在过去，有谁曾经培养和鼓励你吗？比如，父母、老师、心理

神奇的镜子冥想：
拥抱你内心的小孩

治疗师、朋友，甚至过去的爱人，他们说了哪些让你难以忘怀的话？

你可以通过问自己："我最喜欢的老师现在会对我说些什么？"来增强你内心那个养育者的声音和善良的意识。想象一下，那个在你生命中曾经培养和鼓励过你的人，他会说些什么。你可能会发现，比起扮演养育者的亲切声音，你更容易回想起严苛的人和经历。因此，你更要通过镜子冥想来加强养育者的声音，使二者达到平衡。

第三章
觉察内心的自我对话

19. 在镜子中与自己和解

既然我们已经找到并熟悉自己的向善本质和内在养育者的声音,就可以开始用镜子来挖掘更多,并放大它们。这个旅程的起点是,当我们遇到挫折时,我们能意识到自我对话的内容和情绪基调。然后,有意识地让自我对话变得更加富有同情心、鼓励性,并且能无偏见地接纳。

对自己的痛苦抱有同情心可以增强我们的调节能力,并帮助我们有意识地激活自我调节系统,从而产生安全感,而不是威胁感和痛苦感。这些自我安抚活动是通过激活特定类型的积极情绪来实现的,包括满足感、安全感和爱意,这些情绪与我们与生俱来的关怀和依恋动机有关。是的,**我们可以做自己的照料者,进行自我照顾,并对自己产生安全依恋!**

研究显示,安全感是通过心率变异性[①]的提升来衡量的。心率变异性反映交感神经系统和副交感神经系统之间的平衡,这与一

---

① 心率变异性,指逐次心跳周期差异的变化情况,它含有神经体液因素对心血管系统调节的信息,从而判断其对心血管等疾病的病情及预防,可能是预测心脏性猝死和心律失常性事件的一个有价值的指标。——编者注

神奇的镜子冥想：
拥抱你内心的小孩

个人如何应对压力有关。

如果心率变异性较高，那么意味着在压力下自我安抚的能力更强，从而有能力采取更富有同情心的行动。较高的心率变异实际上会抑制与痛苦相关的反应，比如与痛苦对抗或在痛苦中退缩。也就是说，有能力忍受自己和他人的痛苦。

镜子冥想可以加强带有同情心的自我对话。同情心涉及内在的自我调节系统，它使我们能够走近痛苦，而不是与痛苦对抗或逃避痛苦。也就是说，我们能够跳出自我，看到痛苦，然后采取行动来减轻痛苦。

心理学家尼古拉·彼得罗基及其同事进行了一项研究，以了解使用镜子是否会增强同情性自我对话的效果。研究人员要求参与者想出四句用来安抚和鼓励挚友的话，然后，描述一个他们进行自我批评的场景。参与者被分为三组：①一边照镜子一边重复这四句话；②对自己重复这四句话，但不照镜子；③照镜子，但不说这四句话。

下面是一些同情性话语的例子：

» 那些你不喜欢的自我部分，正是需要被你关注和关爱的自我部分。
» 你过去一直很坚强，现在也能找到自己的力量。
» 我在你身边，也会永远在你身边；我会尽一切可能帮助你。
» 想想你过去做过的和将来会做的所有积极的事情。

研究结果显示，对着镜子说这些话的参与者产生了更高水平的令人舒缓的积极情绪。与其他两组相比，他们的心率变异性也更高。由此看来，镜子确实能增强同情性自我对话的舒缓效果。

镜子能够加强同情性自我对话的效果，也因为镜子将同情的对象——我们自己——外化了。面对镜子，我们可以注视着自己，观察自己的面部表情，从而唤起对自己的共情。

> **试一试**
>
> （1）当你看着镜子中的自己时，注意自己的影像在你心中唤起的情绪基调。看看你是否能够对自己缺乏同情心的状态怀有怜悯之心。
>
> （2）列出你在安慰挚友时会说的积极、舒缓、富有同情心的短语或句子，或者你在感到沮丧或情绪低落时最想听到的短语和句子。然后在镜子冥想时，对着镜子中的自己说这些话，并体会对着自己的影像说这些话的感受。

20. 拥抱内心的小孩：驯服内在批评者

经过前面的内容，我们已经找到了内在养育者，并学会了如何加强这个同情性的声音，接下来可以开始探索那个不太友好的声音了，即内在批评者。在倾向于过度批评自己方面，我们并不孤单。大多数人即使不是持续地体验着自我怀疑和苛刻的自我评价，至少也会时不时地体验到它们。但是，我们不必成为自我语言暴力的受害者。相反，我们可以采取措施，积极应对负面想法，与自己发展出更友好、更有益的对话。

首先要明白，我们脑海中的所有声音都有其存在的原因。**内在批评者的目的是保护自己，明白这一点可以让我们获得解脱。**下面就一起来探索内在批评者的保护作用吧！

就像内在养育者一样，我们会发现批评者的声音来自别人，比如父母、老师、老板或曾经的恋人不断提出批评意见，也可能是某个朋友或陌生人随口说了一句话，却深深地刺痛了我们，让我们多年无法释怀，或者这个批评的声音可能很笼统，但这些声音一直伴随着我们。

想象一下这个声音的具体样子：

第三章
觉察内心的自我对话

» 它有性别吗？
» 它比我们年长还是年轻？
» 它的动机是什么？
» 它是否想要保护我们或警告我们有危险？
» 它是否只是想羞辱我们，让我们无地自容？
» 它是否非常肯定我们正在做或已经做了什么可怕的事情？
» 它是否间接地让我们对自己和自己的计划感到不确定和怀疑？

例如，可能会听到这样的声音："记住，再也不要那样做或那样说了！"这句话可能来自某一次经历，在那次经历中，我们做的事或说的话给身体或情绪带来了痛苦。也许是在自信满满的时候摔了个跟头，伤到了自己，所以现在内心批评者警告我们，过于自信是很危险的。也许对某人说了一句轻松有趣的话，但对方的冷嘲热讽让我们痛彻心扉，这时内心批评者说："记住，再也不要对任何人说这种话！"

在这种情况下，可以说内在批评者的目的是保护我们不再经历这种痛苦和不适。但是，它并没有像内在养育者以那样的方式保护，而是通过自我惩罚式的信息再次伤害了我们。这些辱骂性的话语还会泛化，使我们觉得自发地做任何事或说任何话都是非常危险的，可能会遭到报复，这会让我们更加恐惧和痛苦。

内在批评者往往说话绝对，很少考虑细微差别或中间地带。它最喜欢用的词是"应该""总是"和"永远"，"你又搞砸了，你总是会把事情搞砸""你应该放弃，你永远都赢不了""你跟别人不一样，永远不会有人愿意和你在一起""你有那么多问题要解

神奇的镜子冥想：
拥抱你内心的小孩

决，你永远无法解决好自己的问题，更别提帮助别人了"。这些话听起来耳熟吗？内在批评者非但没有为我们的生活创造希望和新的可能性，反而让我们质疑自己的价值，让我们的行为看起来不可靠而且无效。

正念的自我意识可以帮助我们看到内在批评者实际是在阻止我们活在当下。它要么置身过去，警告我们永远不要再那样做；要么置身未来，告诉我们缺陷太多，在没有变得完美之前不能向前迈进。这些信息往往具有重复性。如果试图抵抗这些自我批评的声音，它们似乎会变得更加强烈。与其把内在批评者当作敌人，不如把它当作盟友，但这需要审视和平衡。把内在批评者看作试图帮助或保护我们的人——只是方式是隐蔽的、扭曲的和令人不适的。这种观点能使我们与内在批评者建立联系，并随着时间的推移将其转化为有益的盟友。

试一试

当批判性的声音出现时，看看能否通过激活内在的养育者来平衡它。我称之为"弹簧练习"，以旧时的弹簧玩具命名。坐在镜子前，做一些前面讨论过的基本放松步骤，比如深呼吸，将意识转移到身体的感觉上，双手放在膝盖上，掌心向上，唤起盘旋在脑海中任何你正在努力解决的事情。然后想象一只手上站着内在批评者，另一只手上站着内在养育者。想象就像来回移动弹簧那样，将你的意识在一只手和另一只手之间来回转换。注意，当你把注意力和思想的重心从一只手转移到另一只手时，这两种思想是通过弹簧连接在一起的。当你注视着自己，同时把想象中的弹簧放在你的手掌中时，大声说出脑海中的想法。

假设你正为在会议上说了一些让你后悔的话而感到纠结，下面是一个对话示例。

内在批评者："你搞砸了！现在他们都觉得你是疯子！"

内在养育者："你为说出那些话而感到后悔，说明你关心自己和他人。这是好事。"

内在批评者："他们永远都不会忘记你说了那句话！"

内在养育者："你可以再找他们谈一谈。你有很多选择，比如你可以道歉，或者澄清你真正想说的内容。"

内在批评者："你用一句愚蠢至极的话彻底疏远了所有人！"

内在养育者："他们可能比你想象的更宽容——但即使他们不理解你，我也理解你。"

以此类推。继续对话，让双手上的两个内心声音表达出它们所有的想法。一旦你让这两种截然不同的声音展开对话，看看当你把批评者和养育者的想法放在手心时，你是否能切实感受到它们的重量。

把这些声音从脑海中外化到双手上，并在镜子中看到自己在这两种声音之间交替转换，这会给你带来转变。很多时候，你的视角会从注视着一个搞砸了的人转变为注视着一个正在承

神奇的镜子冥想：
拥抱你内心的小孩

受痛苦的人。这能让你对自己的痛苦产生同情心。

当你在这些不同想法之间转移重心时，请记住它们并不是分开的，而是像弹簧的两端一样连在一起。当你从一只手转移到另一只手时，想象你正在把两边编织在一起，就像一枚硬币的两面，或者说看待问题的两种方式。移动手中的弹簧会帮助你看到这些对话中的共同主题。这些手部动作也会让你感到非常舒缓，尤其是当你在进行大量的自我批评对话时。

在这个例子中，内在批评者想要保护你，避免你被他人排斥或拒绝：它希望你在与他人交流时获得安全感和信任感。内在养育者想要的也是同样的东西，但它意识到，你不需要永远说完美的话、做完美的事，也可以拥有这种感觉。因此，双方的愿望是一样的：感到安全，信任自己，被他人喜欢，被他人包容和欣赏。

因此，找到你内心声音的共同点，这将有助于你与内在批评者交朋友，不再那么害怕它的出现。这个练习可以帮助你平衡注意力，记住自己的优点。这并不是要你否认自己的错误，但如果你不停地去回顾和分析它们，并编造关于它们的故事，你只会加深它们已经给你带来的痛苦。通过认识和深思那些好的方面，你会架起一座通往善良和关爱的桥梁。置身于这个位置，让你更能坦诚而直接地看待任何具有挑战性的事情，并且获得向前迈进的信心。

第三章
觉察内心的自我对话

21. 表达内心声音的方法

现在，我们已经对自我对话的不同方面有了一些认识，可以进行进一步探索。录制自我对话视频日记是一种很好的方式，它可以让我们掌控自我对话，更深刻地了解自我对话的模式。

我们对制作视频并发布到社交媒体，以及观看朋友的视频并不陌生。但视频日记则不同，它就像一本只给自己观看的日记。当我们拍视频给别人看时，往往会注意自己的一言一行。日常拍视频的唯一目的就是给别人看，并获得他们的回应。这种表演激活了我们前面讨论过的公众自我意识。**视频日记则是为了更多地向自己展示真实的自我，以开放的态度去探索我们可能不熟悉的自我部分，而这会让我们获得宝贵的财富。**

下面比较一下视频日记与自由表达式写作。朱莉娅·卡梅伦（Julia Cameron）在《创意，是一笔灵魂交易》（*The Artist's Way*）一书中介绍了一种名为"晨间笔记"的练习方法。这项练习是指**每天早上第一件事就是把脑中想到的任何东西长篇大论地写上三页纸。**我发现这对我帮助很大。多年以来，我坐在桌前，喝着咖啡，写下我的三页纸内容，我写的大部分内容并不深刻，也不令

神奇的镜子冥想：
拥抱你内心的小孩

人激动。我当然也不希望别人读到这些内容！有时候我写的是一些困扰我的事情，有时候则是我想吃的东西或打算在商店买的东西。我写朋友去世、食物过敏、邻居吵闹、爱慕对象、遗憾、预算等，无论我想到什么，都会写下来。我注意到，这能让我在接下来的一天中保持头脑清醒。无论我在做什么创意项目，写完晨间笔记后，思路都会更加顺畅。而且，它也绝对有助于我从新的角度看待自己的内心对话！

我们常常觉得内心对话是无法控制的：各种想法突然涌入脑海，无法停止思考它们。这些内心声音夺走了我们的注意力，并严重破坏我们的情绪。表达式写作可以为我们的内心对话提供一个框架，当我们写下心中的自我对话时，就更容易发现其中的规律。

研究表明，表达式写作具有疗愈作用。心理学家詹姆斯·彭尼贝克（James Pennebaker）进行了一项研究，他让人们连续几天书写自己对压力或创伤性生活事件的"最深刻的想法和感受"。鼓励人们书写自己的情绪具有疗愈作用，这会提高认知适应能力，让人们能从压力性生活事件看到意义。研究人员发现，富有表现力的写作与一系列心理和生理健康益处有关，而且进步最大的人最初对压力事件的情绪表达非常混乱——表达得越消极、越杂乱无章就越有效——然后，随着他们在几天的时间里对同一事件的反复书写，叙述变得越来越连贯。他们似乎对自己有了更多的距离感、洞察力和同情心。与此相反，那些从一开始就叙述得比较紧凑、比较"协调"、不那么情绪化的人，则没有这么大的进步。

第三章
觉察内心的自我对话

从某种意义上说,表达式写作的过程类似于心理治疗。心理治疗师会提供一个空间,在其中我们可以变得混乱而脆弱,表达对生活中发生的事情的真实感受,也可能会反复地诉说某一件不良生活事件。通过倾听和回应,心理治疗师会以不同视角将其联结,随着时间的推移,将这些经历整合进我们的记忆之中,使它从一场创伤性的、突兀的经历,转变成独特人生故事中富有意义的一部分。

我们需要有一个全天候待命的治疗师,他能够立即出现在我们身边,全神贯注、充满同情、思路清晰地倾听,并在需要的时候随时帮助我们应对自我对话。那么试想一下,这个人可以是我们自己。我们可以用视频日记的方式讲述自己的故事,然后看着自己讲述。这与表达性叙事写作不太一样,与心理治疗师交谈也不一样,但这种独特的方法有一些显著的好处。用声音直接表达内心对话,既能保持自发性,又能获得与表达式写作相同的心理益处,而且可以随时随地拍摄视频日记。

视频日记是培养自我意识和自我同情的重要工具。我知道,看着视频里的自己会让我们感到紧张,而且可能会激活内在批评者,但从这个独特的角度看自己,也会带给我们巨大的收获。在我人生中压力特别大的一段时期里,我无意中发现了这一点,当时我的两段亲密关系都结束了,而我又太忙,没有时间写晨间笔记。我开始制作一些短视频,内容是我想对某个理解我的人说的话。随着时间的推移,对自己说这些话的效果变得同样令人满意,有时甚至更好,因为我不必应对别人回应我的一些挑衅性的

神奇的镜子冥想：
拥抱你内心的小孩

话语！我用视频日记来回顾一天的经历，品味和放大美好的体验。但我也会谈到一些困扰我且我觉得不能与他人分享的事情。我通过倾诉来排解自己的情绪，通过观看视频来了解自己的感受。我感到自己发生了很大的变化。因为我不再是练习自我同情，而是在观看视频中的自己时涌现出了自我同情。

我仔细想了想，这些视频似乎提供了一种新的方式来看待自己、接受自己，不管我的感受如何，不管我说了什么，都能和自己在一起。有了这些视频，我可以带着更多的理解和同情来回顾我自己和我的挣扎。我把想说的一切都在视频日记里说了，这个过程让我能够意识到并接受自己所有的情绪和想法。观看视频帮助我接受自己的不完美，并与自己建立起更牢固、更积极的关系。

当我开始教别人做这个练习时，我发现很多人都觉得视频日记是一种增强自我意识的有力工具。花点时间表达情绪，然后把全部注意力放在观察自己身上，这会帮助我们整合和处理情绪。当身边没有人能够倾听，或者要说的话是机密或可能会让别人不高兴时，这个方式非常好。通过拍摄私人视频日记，为自己创造一个私密空间来处理自己的感受、想法和情绪，而且不必担心他人的反应。**创造一个对自己坦诚的空间，也能够看到坦诚的自己。** 这个练习能够让我们与自己建立更牢固、更积极的关系。

22. 如何拍摄提高自我觉察的视频日记

是时候开始了！使用智能手机、电脑或其他录制设备，录制一个只供自己观看的、自发的、没有滤镜的十分钟视频。以下是一些操作技巧。

» 开始前，确保所有通知功能已经关闭。

» 确定好这个视频不会与他人分享。要保证视频的私密性和安全性，这样会让我们感到更自在，因为不必担心别人如何看待视频中的言语以及感受。我们会拥有更大的自由，因为无须像在通常的谈话中那样控制自己。

» 可以畅所欲言，而不必担心他人的反应。尽量不要自我审视，如果想批评自己，或者感到尴尬，那就说出来。可以谈论脑海中浮现的任何事情或当下正在经历的任何事情。

» 没有对错之分。请记住，这样做的目的是为了练习看到自己，而不是为了娱乐他人，或让他人看到或喜欢。

» 制订一个计划，每天在固定的时间和地点拍摄视频日记。很多人喜欢在早上做镜子冥想，晚上拍视频日记。

» 如果没有完全私密的空间，可以考虑在户外或半公共场合

神奇的镜子冥想：
拥抱你内心的小孩

> 拍视频日记，虽然这并不理想，但看起来像在视频通话，所以别人也不会来打扰。

» 即使遇到了内心的阻力或外部的现实挑战，也要坚持下去。最初的几段视频很可能会让我们感到尴尬和陌生。当我们尝试一些超出自己舒适圈的事情时，这种情况通常都会出现。

» 在拍视频时，除了与自己待在一起以外，不要抱有任何其他的目的。不需要看起来完美，不需要自娱自乐，也不需要努力提升自己。只需要和自己待在一起，聊聊天。泡一杯茶，打开视频，和自己聊一聊。

当拍摄了几段视频后，通常都会好奇地想要观看。但是大多数人不喜欢在视频中看到自己，所以我们需要用心地观看视频。制订一个计划，在没有任何干扰的情况下私下观看视频：关闭所有通知，不要同时做其他事情。做一些前面提到的深呼吸和身体感知练习，让自己集中精神，将注意力集中在当下。设定好目标，以开放的心态从新的角度看待自己，并激活内在养育者，支持我们以同情的态度对待自己。全神贯注地观看每段视频日记至少一次，并在观看过程中注意自己的情绪和身体感受。不要制订任何自我提升的计划！

通过仔细观看视频日记（至少一次），会意识到之前可能没有意识到的各种情绪、说话习惯和反复出现的思维模式。可以每天抽出特定的时间观看视频，不过拍完视频后立即观看与几小时或几天后观看是不同的，还可以在一天后、一周后、一个月后、一年后或几年后观看视频，我们会惊讶于自己的变化和对自己的洞察！

记住，这只是一种用新视角看待自己的练习。这么做绝对不会错，每次这样做的时候，自我内省练习都是完美的。记住要善待自己！

> **深入练习**
>
> 练习1. 以明确的意图开始和结束视频日记。比如，开始时决定好要坦诚，并在接下来的十分钟内全身心地投入这场体验。在结束时，可以说一些让自己感激的事情。或者也可以想象自己正在和一位挚友交谈。那么，你会如何开始和结束对话？
>
> 练习2. 拍视频时尝试使用不同的人称。第一人称是"我今天感觉很好"，第二人称是"你今天感觉很好"，第三人称是"塔拉今天感觉很好"。使用不同的视角是什么感觉？观察自己的感觉。
>
> 练习3. 抽时间回顾你的视频。准备好一个私密的空间，深呼吸，脚踏实地。在这个开放、放松的空间里带着善意观看自己的视频。你想到了什么？当你注视自己时，你看到了什么？你体验到的主要的情绪是什么？观看这些视频会在哪些方面改变你对自己的看法？

第四章

摆脱自拍与点赞

第四章
摆脱自拍与点赞

23. 当社交媒体成为时代的标志

正如第三章所学的,视频日记是一种提高自我意识和了解自己的好方法,这是仅靠自省无法达到的效果。看着自己讲述一个情感生活故事,或者体验一种从未体验过的内在感觉,会让人变得更强大。它能帮助我们成长,并加深我们对自己的同情心。

本节将讨论社交世界,特别是社交媒体,会破坏我们以同情心了解自己的一些常见方式。在第二章,我们讨论了与美丽和外表有关的内容。这里,将关注社交媒体如何影响每个人的注意力,以及个人社交媒体习惯如何阻碍我们培养深入倾听自己和他人的能力。

随着世界变得越来越数字化,我们花在电子设备上的时间也越来越多。即使在全球疫情发生之前,美国人平均每天也要花 11 个小时看屏幕。然而,当我们盯着屏幕时,我们就没有在看自己,也没有在看别人。

全球疫情带来了视频会议的爆发式增长,如使用 Zoom[①] 视频

[①] 一款多人视频会议软件,提供高清视频会议和移动网络会议功能的云视频通话服务。——译者注

神奇的镜子冥想：
拥抱你内心的小孩

通话的经历就是意料之外的事。许多人会因为在 Zoom 视频通话中看到自己的脸而感到"镜像焦虑"，以至于人们对视频通话产生了抗拒。造成这种反应的原因有很多，我们将在后面的内容中讨论其中的一些原因，并深入地探讨"被他人看到"和"看到他人"的问题。很明显，很多人不喜欢看到自己的样子。

让我们比较一下 Zoom 视频通话体验与自拍。为什么自拍如此受欢迎，而在视频通话中看到自己却不那么令人高兴呢？首先，在视频中我们无法像在自拍中那样控制自己的形象。我们可以拍摄上百张自拍照，然后挑选出最完美的一张，或对其进行编辑，直到它看起来完美为止。而在 Zoom 上，我们无法控制自己的形象或其他人的反应。相反，还可以实时地看到别人的反应。很多人体验过"Zoom 疲劳"，即在一整天的 Zoom 视频通话后，感到昏昏沉沉。在视频通话中，大脑需要格外努力地处理所有近距离、脱离语境的面部表情，这时就会产生 Zoom 疲劳。相比之下，我们可以发布一张自拍照，然后数数点赞数，这比在实时互动中解读复杂的非语言暗示要容易得多。

就情感满足方面而言，在社交媒体上与他人交流跟当面交流是完全不同的。发布一张自拍照然后获得点赞，与亲自出席社交聚会并收获微笑和温暖的拥抱是不一样的。

事实上，美国精神医学学会认为，每天自拍超过三张是一种病症。虽然自拍看似危害不大，但自拍成瘾与各种心理健康问题存在密切相关性，比如低自尊、自恋障碍、孤独和抑郁，尤其体现在年轻人身上。提醒与自拍相关的危险是一方面，但另一方面，

第四章
摆脱自拍与点赞

我们更需要知道如何以更令人满意的方式满足我们对社交联结和归属感的需求。

自拍并发布照片这个行为本身就会造成社交孤立。研究还表明，人们并不喜欢那些发布大量自拍照的人。因此，**如果我们发布大量自拍照，尽管会得到点赞，但这实际上可能会损害我们的社会地位和人际关系**。自拍照可能会让我们产生与他人联结以及自己受欢迎的错觉。但仔细想想：发布自拍只是自己在努力让别人喜欢而已。

拍自拍照往往不是为了让别人看到真实的自己，更多的是为了掌控形象。也许我们想通过自拍照与他人建立联系，但往往达不到目的。自拍可能源于对被他人关注和喜欢的渴望，但研究表明，这会带来更多的焦虑和抑郁情绪。自拍让我们花更多的时间盯着屏幕、寻求点赞，而不是与他人面对面交流。于是，我们错过了面对面的回应，而这种回应对我们的社交和情感功能非常重要。

在本章中，我们将讨论为什么自拍很容易上瘾，以及如何通过正念冥想帮助戒瘾。接下来，可以将这种方法运用到镜子冥想中。后面内容中的三个案例研究表明，自拍背后存在着不同的需求。最后，我们将学会如何利用镜子冥想来摆脱自拍的冲动，并对自己的真实需求培养更富有同情心的自我意识。

24. 人为何会"自拍上瘾"

萨拉去热带岛屿阿鲁巴度假,她想远离纽约喧嚣的生活。她看到了美丽的日落,想把这一刻记录下来。于是,她给自己拍了一张照片,温暖的橙色、粉色和蓝色的天空在她身后,照片看起来很棒。然后,她就有了把照片发到 Instagram[①](照片墙)上的冲动。她想了一个可爱的标题和标签,然后感觉更加兴奋了。按下发布按钮时,她感到一阵快感。然后,她出发去和度假时认识的新朋友们共进晚餐。

途中,她忍不住停下脚步,躲在一棵棕榈树后打开手机,看看到目前为止收到了多少点赞和评论。当她最终抵达晚餐地点时,尽管见到朋友们很开心,她却难以集中精力参与交谈。她满脑子都是自己发布在照片墙上的帖子:有多少点赞?有谁评论了?她该怎么回复?她知道自己必须回应评论,否则就太失礼了。另外,更多的评论有助于算法,让更多的朋友和粉丝看到她的照片。但是,如果她回复得太快,就会显得很渴望,可如果她回复得不够快,她的朋友可能就会忘记她的帖子。

---

① 一款手机社交应用软件,主要功能是拍摄、编辑和分享照片。——译者注

第四章
摆脱自拍与点赞

晚饭后,朋友们提议去海滩散步。但萨拉决定回到沙滩小屋,看看自己的照片墙。也许她应该再发布一张今天早些时候的自拍照。但她意识到,她需要对照片进行编辑,使色调恰到好处,让自己看起来更瘦,并突出自己的面部特征。她再次感到兴奋,觉得第二张照片会得到更多的点赞和评论!

究竟是什么促使我们去自拍并将其发布出来,而不是单纯地享受当下的时光呢?

在《欲望的博弈》(*The Craving Mind*)一书中,精神病学家、正念与成瘾研究者贾德森·布鲁尔(Judson Brewer)利用奖惩机制的基本原理来帮助我们理解成瘾。对某种东西上瘾的过程有三步。

(1)人们都会有一种冲动,想做某件能带来奖励的事情,让自己感觉好一些。这件事就是所谓的"触发器"。不同的人有不同的触发器。

(2)做出这种行为。

(3)获得奖励。

将这一点应用到萨拉身上,看看情况。她的大脑——就像我们的大脑一样——通过她的五种感官接收信息。例如,她看到了美丽的日落,根据以往的经验,她的大脑将其解释为愉快或不愉快。在这个场景下,她的大脑说:"我喜欢这个日落!"

如果是愉快的经验,比如在照片墙上发布一张图片,然后得到了一堆点赞和评论,大脑就会难耐冲动:"我想再来点这个!"如果是不愉快的经验,它就会说:"把这个东西拿走!"因此,我

神奇的镜子冥想：
拥抱你内心的小孩

们的动机是让好东西留在身边，让坏东西远离。

如果行为是成功的，大脑就会留下记忆，以便将来再次这样做。"这太棒了。当你在异国旅行中看到美丽的日落时，别忘了再拍些照片并发布出去！"所以现在，当我们看到美丽的或很酷的东西时，这些东西就成了触发器。这种"遇到触发器—发生行为—获得奖励"的循环会让人上瘾，包括自拍。

更重要的是，神经化学反应——多巴胺的刺激，成为奖励的一部分。这就是奖励的回报！多巴胺是我们大脑产生的一种化学物质，在激励行为中起着重要作用。当我们品尝美味的食物时，当我们运动后，更重要的是，当我们成功地进行社交互动时，包括当我们在社交媒体上收到点赞时，多巴胺就会释放出来。多巴胺让我们感觉良好，并刺激更多寻求奖励的行为。

让我们看一看，我们是怎么迷上自拍的。这种特定的上瘾行为与镜子、社交回应和自我形象密切相关。我们可以通过"遇到触发器—发生行为—获得奖励"的顺序来了解其基本原理。触发器可以是看到喜欢的东西，行为是将自己与之联系在一起，而奖励则是在社交媒体上获得点赞和评论。

例如，去看牙医的路上经过一个美丽的喷泉，喷泉作为触发器，促使我们将自己与美景联系在一起，或者转移去看牙医这件事的注意力。我们的行为是在喷泉边拍一张抿嘴微笑的自拍照，然后发布出去。奖励是获得的点赞和评论，它们进一步分散了我们对看牙的注意力。或者，我们很羡慕朋友的自拍照，因为她看起来很瘦（触发器），于是决定给自己也拍一张类似的照片，并通过编辑照片减掉几斤体重（行为），奖励是收获了"哇，你看起来棒极了！"之类的评论。

触发器还可能是因为无聊或感到空虚，行为是发布一张有趣、古怪的自拍照，看看朋友会有什么反应，这会刺激我们的好奇心，提升多巴胺，让我们感觉良好。这就是从中获得的奖励。

> **试一试**
>
> 随着时间的推移，我们会陷入各种各样"遇到触发器—发生行为—获得奖励"的模式中。花点时间关注一下自己的模式，能找出自己独有的触发器、行为和奖励吗？

25. 运用正念技巧控制冲动

正如我们在萨拉的案例中看到的那样，强迫性的自拍和发布行为剥夺了她享受珍贵假期的机会。她对自拍的痴迷给她结交新朋友并享受他们的实时陪伴造成了巨大的阻碍。我们还了解到自拍习惯潜伏得多么深，因为我们可以训练自己从自拍中获得多巴胺刺激。那么，我们怎样才能打破自拍习惯，以更深入、更充实的方式满足社交需求呢？

正念技巧在帮助我们减缓"遇到触发器—发生行为—获得奖励"的模式方面非常有效，这样我们就能更好地了解自己，并选择是否冲动行事。与大多数成瘾行为一样，一开始带来巨大奖励的行为最终会变成无意识的例行公事。当我们采取正念的方法时，能够在整个过程中与自己保持同在，这种视角的转变是改变的基础。

针对自拍成瘾问题，精神病学家贾德森·布鲁尔提出了四个提高正念自我意识的步骤。这四个步骤构成了缩写词 RAIN，这个词最初由资深冥想师米歇尔·麦克唐纳（Michele McDonald）提出，并由冥想师兼心理学家塔拉·布拉克（Tara Brach）广泛传授。

第四章
摆脱自拍与点赞

识别 / 放松（Recognize/relax）：识别自己想要自拍或发布照片的冲动，并放松下来。

接纳 / 允许（Accept/allow）：接纳 / 允许它的存在，不要反抗它。

审视（Investigate）：审视目前的身体感觉、情绪和想法。

记录（Note）：记录每时每刻发生的事情，不要执着。

在镜子冥想中，也可以使用 RAIN。把冲动想象成可以驾驭的海浪，通过在镜子里冲浪来学会驾驭欲望的浪潮。例如，当我们有强烈的欲望想发一张自拍照时，第一步就是要觉察到这一点，并放松下来。我们无法控制它的到来。所以，请接纳并允许这股浪潮存在。不要忽视它或分散自己的注意力，不要试图反抗或做任何事情。在我们有这种经历时，用温柔的目光注视自己。

找一种适合自己的方式。用一个词、一句短语或一个手势来表示同意跟随这股浪潮。例如，对着镜子中的自己点点头。做一个安抚的手势，比如抚摸自己的头发或用拇指滑过指尖，表示愿意带着对自己的善意去面对这股欲望的浪潮。

就像冲浪一样，要想驾驭欲望的浪潮，就必须在潮水涌动时研究它、了解它。调动五感，保持好奇。当注视着自己时，大声问："我的身体现在感觉如何？"不要去寻求什么。只需看看浮现出来的最突出的感受，让它像浪潮一样涌来。打开五感，去感受自己每时每刻的体验。

最后，记录下这个体验。请使用简短的话语或单词来记录，例如"思考""胃部不适""肩部疼痛""灼热""紧绷""心跳加

89

神奇的镜子冥想：
拥抱你内心的小孩

速""瘙痒"等。跟随波浪，直到它完全消退。如果走神了，通过重复"我的身体现在感觉如何？"这个问题回到自己身边。敞开心扉，接受每时每刻都在变化的体验。这没有对错之分。

可以对着镜子练习 RAIN。当浪潮开始时，做一个安抚的手势，大声问自己："我的身体现在感觉如何？这股欲望的浪潮现在在身体的哪一部分？"当直面自己和自己的冲动时，可以获得更大的控制力和共情力。

之后，当我们不方便在镜子前坐下来冥想时，也能更容易地驾驭想要发布自拍、查看手机或其他的冲动。在身心中，这个安抚的手势会让人产生联想，将允许和接纳与我们的冲动和情感联系在一起，而不是与对它们采取行动联系在一起。这样，我们就可以随时随地驾驭自己的欲望浪潮。随着时间的推移，这种渴望的强度会逐渐减弱。

可以把这个技巧应用在任何想要控制的冲动上，比如看手机、吃零食、吸烟等。首先，识别这种冲动或欲望。然后，愿意以觉知和同情的态度直面自己。

第四章
摆脱自拍与点赞

26. 尝试掌控自己的形象

我们生活在一个以形象为基础的文化中。很多人都承受着打造个人品牌的压力。实际上，将我们自身看作一种产品的现象并不鲜见。科技让我们越来越容易在冲动来临时即刻分享自己的照片，有了内置的图片编辑软件和众多分享平台，对图片进行编辑、裁剪、调色和分享都变得简单快捷。有了很多滤镜，我们总能描绘出理想中的自己或更好的自己！一张讨人喜欢的照片能增加点赞数，让我们感觉良好。这个过程会产生多巴胺刺激，很快，我们就会沉迷于这个循环。

我是通过一个共同的朋友认识阿里的。她是一位知名网红，在照片墙上拥有大量粉丝。她在自己的社交媒体平台为产品代言，收入高达六位数。她拍摄的图片将她的美丽、性感、微笑的脸庞与化妆品、健康食品甚至厨房小工具等产品联系在一起。但她感到身心俱疲。她曾尝试过传统的冥想方法，但发现自己过于烦躁和焦急，无法养成定期冥想的习惯，也无法通过冥想受益。为了打磨品牌，阿里非常注重自己的形象。因此，她的朋友认为镜子冥想可能对她有用。

神奇的镜子冥想：
拥抱你内心的小孩

当她来的时候，我有点震惊于她本人的样子。她看起来很疲惫，比照片上苍老，也更臃肿。她的面部特征与照片上大相径庭。她看出了我的惊讶，说："我知道，我知道，我所有的自拍照都是美化过的！"她进一步解释说，她拒绝参加线下的现场活动，因为她的实际长相与网上形象不符。一方面，她喜欢把自己的业务完全放在网上；但另一方面，这在社交上也会带来孤立感。她正在考虑进行大范围的整容手术，改变自己的面容和身材，让自己看起来更像她在照片墙上"美化"后的照片。

我请她描述一下自拍和发布照片的经历。她解释说，她已经这样做好几年了。起初，她喜欢发布照片并获得朋友们的点赞。后来，她的胃口越来越大，需要越来越多的点赞才能满足。点赞和评论本身就是一种奖励，看着自己的粉丝数量稳步增加也是如此。随后，一些品牌开始联系她，提供代言和合作机会。随着她在网上知名度的增加，收入越来越高，但她对她刚开始宣传的那种健康生活方式投入的时间越来越少。然后，她开始修照片，起初只是为了让照片里的她看起来更精神、更有光泽，然后是为了看起来更高、更瘦，再然后是为了让鼻子和腰线看起来更娇小，再然后她觉得必须让嘴唇、胸部看起来更丰满一些。她就这样不断地修图。

她越是把自己的形象修饰得完美无缺，就有越多的点赞、评论和线上机会向她涌来。现在，她有一整个团队为她工作，他们的工作就是美化她的照片。但她感到心力交瘁，想休息一段时间，在决定是否做整容手术之前，重新做回自己。

第四章
摆脱自拍与点赞

当她在镜子前坐下时,她开始不自觉地微笑和摆姿势。她想拍几张自拍照,"在我们开始之前拍几张吧!"她恳求道,"我们可以把照片修得很好看。"一看到自己的形象,她立刻就想自拍。

于是,我建议立即投入 RAIN 中。我鼓励阿里让自己感受这种冲动,并静静地观察它。"我觉得很着急,好像再不发照片我就要爆炸了!"我们做了一些深呼吸和情绪着陆练习[①],帮助她放松地接纳这种冲动。我问她冲动处于身体的哪个部位,她说:"我的心怦怦直跳,我的手迫不及待地想拿起手机。现在我脸涨红了——这太令人尴尬了。"我鼓励了她对身体感觉的出色觉察。我建议她做一个安抚的手势,来替代伸手去拿手机的动作。她试着用大拇指摩擦指尖,深呼吸。她说她觉得自己很傻,而且为自己有如此强烈的冲动感到尴尬。后来我向她解释,这是一种后天习得的模式,她已经练习并强化这个模式很多年了,所以她必须对自己有耐心。

我和她一起利用镜子来驾驭发布自拍照的 RAIN 浪潮。起初,识别她的这种冲动很有挑战性,因为它似乎一直存在,甚至在照镜子时变得更加强烈。阿里仿佛生活在照片墙中。她觉得每一个画面和角度都是自拍的机会。经过几次治疗后,她才开始在镜子里看到自己,而不是通过自拍镜头看自己。最后,她开始放下自己必须时刻为他人创造价值的想法。我鼓励她敞开心扉,用好奇的眼光看待自己,和自己和解,学着什么都不做。

最后,阿里发现自己对"无所事事"会产生强烈的自我评判,

[①] 情绪着陆练习旨在帮助个体专注于此时此刻,与正念练习相似。——译者注

神奇的镜子冥想：
拥抱你内心的小孩

她认为自己必须随时随地为每个人的体验做出贡献，否则就不会被人喜欢、接受或关注。她认为这种想法要追溯到童年时期，当时父母告诉她要微笑，要表现得可爱，否则别人就不会喜欢她。阿里发现，当她照镜子的时候，那些早期告诫的力量就更强了。于是，我鼓励她以同情心看待自己的自我评判，看看自己是否能放下想要给别人创造一切的冲动，并坦然面对自己什么都不做可能会发生的事情。

在她能够驾驭想自拍、发照片、查看点赞的冲动后，阿里不再将自己视为一个讨人喜欢的"产品"，她学会了自我同情。她慢慢地放下了操纵自己形象和他人反应的欲望。阿里学着不管当下的感受如何，都满足于做她自己。在这种练习中，她创造了一个私密空间来探索自己内心深处的情感，而不是为他人产出内容。她与自己建立了亲密关系，花些时间和自己待在一起，什么都不做，这对她来说是一种深深的滋养。随着时间的推移，她开始以一种更放松、更真实的方式与他人相处。她的真性情让她有了新朋友和更深层次、更有价值的人际关系，这些关系更多地基于内在品质，比如接纳和善良，而不是外貌。

27. 尝试情绪管理

  并不是每个人都想发布美丽的自拍照。卡特里娜认为自己的外表没有任何问题。于是，她整天发布骇人的自拍照：化妆的、不化妆的、微笑的、哭泣的、扮鬼脸的、舔镜头的，应有尽有。

  在她意识到她的自拍习惯影响到了她的工作质量和人际关系时，她来找我进行镜子冥想指导。我们首先需要帮助她找到触发器。有时她发布自拍照只是因为觉得无聊，想要刺激一下，或者她对某件事情有强烈的情绪反应时，她也会有强烈的冲动去发自拍。"我只是不知道该拿自己怎么办，所以我就发了，然后我立刻就能获得很多爱。"尽管她以点赞和评论的形式得到了"即时的爱"，但她仍感到孤独，情绪也开始失控。

  我询问了卡特里娜的日常生活。她从事的是一份高薪技术工作，在那里她感觉自己像隐形人。她在社交媒体账户上使用网名，因此只有少数几个朋友知道她的真实身份。她在网上与不认识的人交流的时间远远多于与朋友和家人面对面交流的时间。

  我清楚地意识到，卡特里娜没有得到足够的与他人面对面的互动，缺乏与关心她并愿意倾听她心声的人进行面对面互动，这

神奇的镜子冥想：
拥抱你内心的小孩

让她难以管理自己的情绪。于是，她试图用自拍来验证自己的感受。但不幸的是，这对她来说并不奏效，有以下几个原因。

首先，她塑造了一个角色，并隐藏了真实的自己。一方面，她不必冒着被拒绝或被评判的风险来表达自己的感受；另一方面，她也没有办法让别人接纳她的真实身份和她当时的感受。她在社交媒体上的朋友其实并不真的认识她。

其次，这一切都不是实时发生的。卡特里娜没有亲身经历过她这些所谓的朋友是如何回应她的。她收到了点赞和"我理解你的感受""送上深深的爱"等评论，以及大量的爱心表情符号。但相比于卡特里娜所渴望的面对面的亲密接触，这些都只是肤浅的替代品。

她在照片墙上所表达的情感是如此开放和脆弱。虽然她渴望被真正的朋友关怀和接纳，但一想到要与他们如此坦诚地分享自我，她就觉得很可怕。她不想被嘲笑，也不想被认为情绪不稳定。

于是，我让她做了一个实验：每当她有发布自拍照的冲动时，就把相机对准自己，花两到三分钟注视着自己。卡特里娜喜欢在自拍中用夸张的面部表情来表现自己的情绪。因此，我建议她在注视自己的时候尽量保持中性的表情。这个练习对她来说颇具挑战性。通过关注自己，而不是试图获得他人的关注，她发掘出了更深层次的情感，而这些情感正是她一直试图通过发布夸张的自拍照来逃避的。

后来，她找到了一位值得信赖的心理治疗师，解决了自己的情绪问题。她不再自拍，而是定期面对镜子进行冥想。她将镜子

第四章
摆脱自拍与点赞

作为心理治疗间隙的辅助工具,这有助于她关注自己的内心感受,善待和尊重自己。她意识到了自己受到照片墙帖子的负面影响有多大,花了那么多时间上网,反而让她变得与世隔绝。因此,卡特里娜决定培养更多真诚的人际关系,定期与朋友见面,进行面对面的交谈。镜子冥想让她更愿意被朋友看到,她也开始以一种新的方式看待朋友——不再是把他们当成潜在的"点赞者",而是把他们当成真正关心她的人。随着时间的推移,她的人际关系变得越来越深入、亲近,彼此相互尊重和支持,而不是发布挑衅的自拍照。

第五章

通过自我镜映缓解焦虑

第五章
通过自我镜映缓解焦虑

28. 直面焦虑

我刚学开车时,只要感到一丝不安,就会踩刹车。我并没有意识到自己在这样做。直到有一天,我带着我的暹罗猫去看兽医。它因为生病变得非常焦虑,每次我踩刹车,它都会发出令人毛骨悚然的哀嚎。通过猫咪的反应,我了解到我比自己意识到的要焦虑得多,而且我的焦虑已经影响到了我身边的人。

很多时候,直到身边有人指出来,我们才意识到自己有多么焦虑。如果身边没有一只暹罗猫,我会教你如何利用镜子来看到自己的焦虑,而且在这个过程中不会让你变得更焦虑。我们将一起探讨什么是焦虑,焦虑是如何从大脑的基本生存机制中发展出来,并成为一种自我延续的习惯的,以及如何以不同的方式看待焦虑,并更加有效地应对压力。

字典上说,**焦虑是消极预期下的心理和生理状态**。它是一种担心、紧张或不安的感觉,通常围绕某个即将发生的或结果不确定的事情而产生。这几乎可以描述任何事情!焦虑似乎很常见。事实上也确实如此。

恐惧和不确定性结合在一起时,就有了焦虑。当预判到某些

神奇的镜子冥想：
拥抱你内心的小孩

情况可能会导致糟糕的事情出现或有危险的结果，而我们又不确定该怎么做时，就会感到焦虑。比如，在求职面试或第一次约会前；当受邀在公众场合发言或接受税务审计时；当去一个新地方旅行时。当我们为生活中的重大变化做准备时，比如上大学、结婚、离婚或生孩子，即使是积极的变化，也会产生焦虑。**走向未知也会让我们感受到恐惧**。

焦虑会以多种形式表现出来。不过，焦虑的一些典型症状是急躁、坐立不安、容易疲倦、注意力不集中、易怒、肌肉疼痛加剧和难以入睡。焦虑的症状因人而异。这就是为什么焦虑有时很难识别，尤其是发生在自己身上时。

恐惧是焦虑背后的基本情绪。恐惧是帮助我们生存的情绪，它会向我们发出危险警告，并让我们的身体做好准备，在面对威胁时对抗、逃离或僵住。这些反应能让身体做好准备，应对即将威胁到我们生存的事物，比如在过去可能面临剑齿虎的威胁。随着生活变得越来越复杂，人类的大脑也变得越来越复杂。我们发展出了前额叶皮层，帮助我们制订计划和思考创造性的解决方法，我们现在非常善于思考和规划未来。例如，我们善于用大脑想象最坏的情况，以应对未来可能出现的威胁。不幸的是，这种大脑活动也会产生大量焦虑。想象力可能是焦虑的主要制造者，对负面结果进行一定程度的规划是必要的，然而大脑会过度担忧。

焦虑的目的是吸引我们的注意力，促使我们做出必要的改变来保护自己以及所关心的事物。因此，偶尔的焦虑是正常的，甚至是有益的。**焦虑是人类的一部分，它源于我们预测和想象未来**

第五章
通过自我镜映缓解焦虑

的能力。但持续的、弥漫性的或不成比例的焦虑会扰乱我们的日常生活,无论是在学习时、工作时还是与朋友在一起时。在美国,近三分之一的成年人在一生中的某个阶段都会面临焦虑失控的问题。

焦虑通常是发生在头脑中的私人问题。经常焦虑会让我们更难识别自己的情绪。如果经常处于焦虑状态,可能会过度恐惧或高度兴奋,无法关注到其他情绪。如果一个人有焦虑症,尤其是社交焦虑症,可能会减少与他人交往的时间。这会错过面对面的反馈,而这种反馈能帮助人们更清楚地意识到自己的情绪,并更好地应对它们。

在孩童时期,我们通过与他人的面对面接触来了解自己的情绪,并控制自己的反应。别人对我们情绪的反应教会了我们如何理解自己的感受,我们一生都需要这种镜映。不幸的是,随着我们独处和使用电子设备的时间越来越多,我们失去了这种重要的镜映。缺乏镜映是广泛焦虑症和社交焦虑症患者人数不断增加的原因之一。这些障碍表现为持续担心做错事或说错话,无法忍受不确定性,难以集中注意力或放松,以及难以识别自己的情绪。

在一组有趣的研究中,心理学家皮耶尔朱塞佩·维纳伊(Piergiuseppe Vinai)及其同事利用镜子和视频技术,通过"自我镜映"帮助焦虑症患者识别自己的情绪。当他们感到焦虑,而周围又没有其他人提供反馈和支持时,他们学会了对着镜子自我安抚。

本章将详细阐述自我镜映的概念,并告诉读者如何使用镜子

神奇的镜子冥想：
拥抱你内心的小孩

进行自我安抚，以及如何在感到焦虑时让自己平静下来，还将讨论焦虑如何影响我们对社交世界的总体看法。然后，探讨面对威胁时的"对抗""逃跑"和"僵住"反应。本书会展示一些自我镜映的技巧，帮助读者摆脱那些不舒服的状态，从而更有效地应对具有挑战性的情况。

29. 是什么吸引了你的注意力

随着世界越来越数字化,我们花在电子设备上的时间也越来越多。即使在疫情爆发之前,美国人平均每天也要花 11 个小时看屏幕,而看屏幕的时间与焦虑之间存在正相关。不知道是更多的看屏幕时间导致了更强烈的焦虑,还是更焦虑的人上网时间更长。也许两者互为因果。

许多人花在屏幕上的时间比花在面对面交流的时间更多。因此,我们错过了面对面的镜映,而这种镜映对社交和情感功能非常重要。与此同时,感到孤独的人和患有自恋障碍的人也越来越多,而共情和同情却似乎越来越少,罹患焦虑症和抑郁症的人数创下了历史新高。那些与焦虑症和抑郁症做对抗的人通常很难识别自己的情绪,他们的认知调节功能也受到了严重损害,例如无法将注意力集中在当下。随着科技越来越先进且越来越能吸引我们的注意力、挑动我们的情绪,我们越来越有必要保持自主,自己决定将时间和注意力放在哪里。

每个人的注意力都是有限的,而环境中总是有许多事物试图抢夺注意力,因此注意力总是不够用。那么,如何选择值得我们

神奇的镜子冥想：
拥抱你内心的小孩

关注的事物呢？我们对此又有多少自由选择的空间呢？**人类有一种天然的倾向，那就是把注意力集中在对自身有威胁的事物上，这就是消极偏见。威胁和危险会自动吸引注意力。**

在注意力经济中，注意力被认为是最有价值的东西。要想兜售东西，无论是产品、想法还是服务，必须首先抓住潜在买家的注意力，比如一套行之有效的营销和说服技巧就是先夸大问题吸引注意力，再推销解决方案。新闻推送和媒体报道中总是充斥着负面事件，"流血事件占头条"是报纸行业的一句老话，也是人们大脑的工作方式。在信息的海洋中，大脑会挑选出其中最可怕的部分，并将注意力集中在这些部分上。这当然会造成焦虑。

当我们对某些并不直接威胁生存的事物感到焦虑时，往往会去收集更多相关信息。于是，互联网兔子洞[①]就诞生了。

最常制造焦虑的话题是什么？是那些与我们的生存有关的话题。研究发现，最常见的制造焦虑的话题是跟金钱、健康、人际关系冲突以及公共事件或演出相关的担忧和不确定性。这份清单反映了我们对生存的忧虑：我们关心资源，关心自己和所爱的人的身心健康，以及社交联结程度和他人对我们的接纳程度。

> **试一试**
>
> 每个人都关心生存，都希望过上不受威胁的生活。但是，每个人都有自己独特的触发器。你的触发器是什么？花一天或

---

① 这一说法源于童话故事《爱丽丝漫游仙境》，用于比喻未知世界的入口。——译者注

第五章
通过自我镜映缓解焦虑

一周的时间，记下所有让你感到焦虑的事情，看看能否列出一份触发器清单。记录时要具体。以下是一些例子：

> » 收到跟信用卡相关的电子邮件。
>
> » 发送电子邮件或短信后没有得到回复。
>
> » 去参加工作会议的路上堵车了。
>
> » 被要求做演讲。
>
> » 第一次约会。
>
> » 与邻居争论噪声问题。
>
> » 拒绝朋友的请求。
>
> » 看到老板用怪异的眼神看着你。
>
> » 向伴侣提出建议后被拒绝了。

你可能会发现，清单上的大多数项目都具有挑战性，但并不危及生命。拍一个与焦虑触发器相关的视频日记，试着用第一人称、第二人称和第三人称谈论它们。视角的改变会如何改变你的焦虑？

30. 焦虑会影响你的视野

问一个问题：你能同时保持好奇和焦虑吗？

焦虑会使人处于高度兴奋状态，身体会为想象中的威胁或挑战做好准备。这种反应会自动改变感知，最大限度地提高应对威胁的能力。因此，**经常处于焦虑状态会改变我们对自己、世界以及其他人的看法。**

焦虑会以复杂的方式改变视觉感知，前面也讨论过消极偏见，为了自我保护，我们的视觉注意力会偏向于注意潜在威胁。研究表明，一方面，焦虑会增强我们的感官。当我们焦虑时，听觉会更敏锐，看得也更远。但另一方面，焦虑也会缩小注意力范围，产生隧道式视觉，从而使我们难以准确地观察周围情况。在电影中见过这样的极端情况：角色变得偏执，认为每个人都要来抓他，镜头会扭曲画面，以展示人物的心理正被偏执和猜疑所扭曲。

当我们处于焦虑状态时，镜子会捉弄我们。因为，从某种意义上来说，我们看到镜子里焦虑的自己，这可能会让我们的焦虑加倍。因此，当我们处于焦虑状态时，不要长时间直视镜子中的自己，要避免这种在照哈哈镜的感觉。

第五章
通过自我镜映缓解焦虑

相反,应该感受自己的身体,练习深呼吸、抚摸手指、拍拍大腿、扭动脚趾,找到自我。做一些富有同情心的自我对话,如"我没事""我可以停下来,花点时间放松和呼吸""塔拉可以放慢节奏,一步一步来"。

这时要注意我们的眼睛,是眯着的还是睁着的。当我们害怕时,通常会睁大眼睛寻找威胁,并向他人发出潜在危险的信号。当我们看到(真实的或想象的)威胁,这时就会缩小视野,将注意力集中在它身上,密切关注它,并做好攻击计划。

精神科医生兼正念研究员贾德森·布鲁尔设计了一个练习,可以帮助人们摆脱这种狭隘的焦虑注意力状态。他的理由是,通过了解自己的眼睛是如何与情绪联系在一起的,可以学会利用好奇心来走出恐惧和焦虑状态。布鲁尔建议人们睁大眼睛,以此来激发好奇心(我建议一开始进行这个实验时,不要直视镜子)。在接下来的十秒内,把眼睛睁得大大的,注意自己的焦虑会发生什么变化。它是变强了还是变弱了?它是否改变了性质,或转变成了其他形式?

> **试一试**
>
> 在刷手机、发短信、打字或看图片很久之后,试着把眼睛睁大十秒,这可以让你的眼睛和头脑恢复活力,转换你的视角,让你迅速走出"兔子洞"。

31. 通过照镜子进行自我安抚

当我们感到焦虑时，可以用镜子进行自我安抚。研究表明，传统的冥想练习可以很好地帮助我们减少焦虑，而使用镜子可以加强这一作用。可以用镜子完成冥想的三个主要组成部分，达到放松和舒缓的效果：控制呼吸、观察身体和集中注意力。

（1）控制呼吸。

当我们感到焦虑时，呼吸会条件反射性地发生变化，可能是急促地呼吸，也可能会屏住呼吸。试想一下，在我们准备撕下创可贴或者在社交场合中不得不阻止自己大笑（或大哭）时，很可能会屏住呼吸，试图阻断自己的感受。突如其来的惊吓会引发迅速吸气并屏住呼吸的条件反射。如果我们感觉到环境中存在威胁，就会本能地屏住呼吸，保持不动，不发出声音。当我们焦虑或担忧时，可能会在不知不觉中养成屏住呼吸的习惯，焦虑也会导致呼吸变得浅而急促。无论以上哪种呼吸变化都会让我们更加焦虑。

其实，我们可以控制自己的呼吸，缓慢地深呼吸是让自己最快地平静下来的方法之一。对着镜子，关注自己的身体，看着自

第五章 通过自我镜映缓解焦虑

己的锁骨和肋骨随着呼吸起伏。如果注视自己的眼睛会让我们感觉更加焦虑，那就只关注自己身体的其他部位。如果呼吸急促，可以慢慢敲击手指或用脚底敲击地板，让注意力回归身体；如果屏住呼吸，就让自己叹口气，然后放松下来。如果担心过度放松会让自己失去控制，那么可以设定一个计时器，让自己放空五分钟或十分钟。随着呼吸，尽可能地放松，不要强迫或抵抗——仅仅是和自己待在一起，呼吸。这样是不会错的。

（2）观察身体。

当我们感到焦虑时，身体往往会紧绷。在镜子里，可以看到这种紧绷。请仔细观察是否有以下现象：眼睛和下巴周围的紧张感、眉头紧蹙、肩膀高耸、拳头紧握、双手抓着什么，以及咬指甲、抓挠和坐立不安等紧张动作。通过简单的观察和好奇心来了解自己的习惯。不要试图立即做出改变，只需敞开心扉，从镜子中了解自己的习惯即可。选择一个需要重点关注的身体部位，将注意力集中在该部位，通过呼吸放松该部位。注意在尝试放松时出现的任何感觉。焦虑会在体内产生一种随时准备警告威胁的感觉。如果我们刻意放手，可能会有恐惧或脆弱的感觉。不要强迫自己放松，要保持好奇心，倾听你身体发出的声音，记住要用善意的眼光看待自己。

（3）集中注意力。

我们可以重温一下第三章介绍的自我对话练习。当我们感到焦虑时，可以尝试制作视频日记，描述自己的感受。尝试以不同

神奇的镜子冥想：
拥抱你内心的小孩

的人称视角进行自我对话：我感到焦虑；你感到焦虑；塔拉感到焦虑。第三人称的广阔视角可以帮助我们平静下来，对自己有更多的同情心。从第二人称的角度，善意地看着自己的眼睛，就像在看一个朋友一样，这也会让我们平静下来。

> **试一试**
>
> 　　选一个你感觉良好、乐观和放松的时刻，联结内在养育者，拍摄一段五到十分钟的视频，以供日后在焦虑时观看并安抚自己。通过录制这段视频，你会意识到自己并不是一直处于焦虑状态。因为在焦虑的时候，你通常意识不到这一点。
>
> 　　当你感到焦虑时，记得观看这段视频。

第五章
通过自我镜映缓解焦虑

32. 如何让自己不再僵住

"对抗—逃跑—僵住"反应是身体对于危险的自然反应。它是一种压力反应,帮助我们对感知到的威胁做出反应,比如迎面而来的汽车或咆哮的狗。这种反应会立即带来荷尔蒙和生理性的变化,这些变化使我们能够迅速采取行动,从而保护自己。这是远古祖先为了生存而形成的一种主要本能。具体来说,对抗或逃跑是一种积极的防御反应,在这种反应中,会选择留下来对抗或迅速逃离现场。此时,心率会加快,流向主要肌肉的氧气会增加,痛觉会下降,视觉和听觉会变得敏锐。这些变化有助于我们准确判断情况并迅速做出反应。

"对抗—逃跑—僵住"反应并不是一个有意识的决定,而是一种自动反应,所以在当时我们无法控制。但随着时间的推移,我们可以养成应对压力的习惯,并控制我们对于真实威胁(更多时候是对于想象中的威胁)的焦虑。但是使用"对抗—逃跑—僵住"的适应方法来应对日常焦虑,通常并不奏效,因为大多数日常挑战并不会威胁到我们的生存。可以通过自我观察走出这些不舒服的状态,这样就能以更大的信心和更多的自我同情做出更有效的

神奇的镜子冥想：
拥抱你内心的小孩

反应。下面让我们从"僵住"开始，逐一了解这些状态。

僵住是对抗或逃跑反应被搁置的状态。人会变得无法动弹，完全静止不动，无法对抗或逃跑。僵住可能是一种瞬间的不知所措。当一个人突然有了公众自我意识时，也会出现这种反应，比如别人突然的提问会让人僵住。无论是在会议上面对上司，还是在课堂上面对教授，抑或是在大街上面对搭讪者，突然被人当场提问都会让我们僵住。

正如前面所讨论的，**处理焦虑和相关反应（如僵住）的最好方法是深呼吸，让身体放松**。在僵住时，屏住呼吸，保持完全静止，会让我们更加焦虑，并保持无法动弹的状态。由于身体是僵住的，所以动起来，跺跺脚，拍拍大腿，或者站起来，活动一下。

当我们僵住时，尤其是在社交场合，我们就失去了为自己说话的能力。有时候，在那一刻保持沉默是最好的选择。但如果发现自己在工作、学习或社交场合，想大声说话时却僵住了，那么是时候进行一些不受限制的镜前对话了！对着镜子把想说的话说出来，或者把想说的话拍成视频日记。通过定期练习为说话建立自信，为下一次做好准备。

在《挣脱束缚：女性权力指南》(*Unbound: A Woman's Guide to Power*)一书中，作者格西亚·乌尔班尼亚克（Kasia Urbaniak）向读者传授了用言语自卫的艺术，并特别关注了许多女性在面对尴尬局面时所经历的"僵住"体验。比如，在性骚扰中，一名女性正走在街上，有人突然冲她叫："嘿，你的（某个身体部位）不错！"她会立刻僵住，就像一只受惊的猎物，动弹不得。之后，

第五章
通过自我镜映缓解焦虑

她可能会自责：我怎么能让一个完全陌生的人这样对我？但是，首先要记住，"僵住不动"是一种自动的条件反射——不由自己决定。

格西亚建议，**如果遇到了让我们感到不自在的情况，可以试着把注意力转移到那个让我们感觉不自在的人身上**。例如，如果有人说："你今天挺漂亮的——哦，现在你看起来有点紧张。"不要说："你为什么这么想？"或者说"去你的！"相反，把注意力放到对方身上，并说："你从哪儿弄来的这件衬衫？"或"你为什么站在那儿看着我？"任何话都可以，只要把焦点放回到对方身上，让他而不是我们自己感觉不自在。

我们在第一章谈到向内和向外集中注意力的效果。要摆脱僵住的状态，在深呼吸和活动身体的同时，要将注意力向外集中。反问一个问题，比如"你为什么这么问？"给自己留出时间和空间，就能打破僵局。对着镜子练习、练习、再练习，下次当我们遇到困难时，就会按练习的内容自动反应。

例如，每当贝卡的老板评论她的外表时，她就会觉得自己僵住了。贝卡的老板认为他只是在友好地闲聊，他觉得贝卡的慌张和语塞很好玩儿，但贝卡感觉到的是无助和羞辱，因为她无法让自己不僵住。她需要从这种困扰中花些时间才能恢复过来，继续工作。

我建议她做一些镜子对话。在镜子对话的第一阶段，贝卡毫无顾忌地说出了她想对老板说的一切，其中不乏一些脏话。我鼓励她继续说下去，直到她把所有想对老板说，但为了保住工作而

115

神奇的镜子冥想：
拥抱你内心的小孩

忍住没说的话全都说出来为止。

当她觉得已经完成了这一阶段并且筋疲力尽了，我们便开始研究一些她可以对老板说的短语，以防止她在那一刻僵住。例如，她的老板说"我喜欢你的裙子"，贝卡可以说"你的衬衫不错。你从哪里买的？"由此把焦点从自己身上转移到他身上。她对着镜子练习了无数次，这些练习还是有所成效的。下一次，她的老板评论她的上衣时，她反问道："你的衬衫不错。你从哪里买的？"他回答说："这是我女儿送给我的生日礼物。"这就对了。现在，这个闲聊话题不会让贝卡僵住了。贝卡开始向老板打听他女儿的情况，这满足了他的闲聊欲望，也让她更加放松了。

你有没有好奇过，自己僵住的时候是什么样子？

萨宾娜·格拉索（Sabina Grasso）是一名摄影师，焦虑发作时她会僵住好几个小时。有一次，她在火车站的楼梯上坐了半天，动弹不了。后来，她开始在焦虑发作时自拍，并最终克服了焦虑症。看到自己处于无助的状态，使她获得了掌控局面所需的自我意识和自我同情。我们经常本能地避免看到自己处于脆弱和不舒服的状态。但是，从旁观者的角度看到这样的自己，可以唤醒改变和治愈所需的强大能量。也许我们应该开始一场治愈系自拍运动！

第五章
通过自我镜映缓解焦虑

33. 在解离中逃走，从解离中回归

你是否曾经被镜子里的自己吓了一大跳？你的第一反应是："这是谁？"然后迅速意识到那就是你自己。当我们处于压力之下时，这种经历更容易发生，因为我们的身体形象与我们的感觉、思想和身体感觉之间暂时脱节了。

有些患有精神障碍的人会完全丧失从镜子中认出自己的能力。美国心理学会将这种情况归类为解离障碍[①]和人格解体障碍。患有这些障碍的人可能会避免照镜子，因为他们对自己的影像很陌生，以至于会被影像吓到。这是怎么发生的呢？当一个人压力过大时，大脑中的边缘系统会暂时关闭。边缘系统负责观察、体验，以及在人物、地点和事物之间建立联系。当这部分大脑关闭时，就发生了解离——换句话说，大脑抛弃了自己。患有这些障碍的人通常都遭受过精神创伤和身体虐待。为了逃避这些痛苦的经历，他们频繁地与自己切断联系，以至于失去了体验自己的感受、思想和身体感觉的能力。于是，他们在镜子里认不出自己，甚至经常

[①] 解离障碍亦称解离性障碍，是一种精神疾病，患者在记忆、自我意识或认知功能上出现崩解，通常源于极大的压力或极深的创伤。——译者注

神奇的镜子冥想：
拥抱你内心的小孩

觉得自己是不真实的。

大多数人偶尔会有轻微的解离状态。例如，当我们在谈话中走神，忘记自己为什么走进这个房间，或者在冥想时发现自己的思绪远在万里之外，在这些时刻就是暂时与自己脱节了。但有些人养成了从压力体验中解离或逃离的习惯，这让他们更难以与自己建立深刻的联系。

例如，詹姆斯有解离的习惯。他来接受镜子冥想指导，是因为他想更多地与自己和他人相处。我们刚开始合作时，他会照镜子说："我感觉不真实。"我说："没关系。你只需要和自己待在一起，如果有什么变化就告诉我。"我们进行了很多次治疗，詹姆斯都没有改善，但他一直保持着治疗。我意识到，他喜欢和我待在一起，因为他能感觉到我是真实的，而且我从来没有要求他成为某个样子。有一天，我突然想到可以让他做一些自我对话。我建议他从三个不同的人称视角对着镜子说下面的句子。

"如果我是真实的……"

"如果你是真实的……"

"如果詹姆斯是真实的……"

在这个过程中，詹姆斯体会到一些苛刻的自我评判和令他难以承受的情绪，而当他解离时，就可以避免体验到这些东西。他把解离的习惯追溯到自己的童年。父亲经常冲他吼，这让年幼的他感到恐惧。他的身体无法逃离，于是他切断自己与身体的联系，因为他无法应对那种极度的恐惧。现在，不真实感已经成为他的一种习惯，用来逃避任何可能让他感到不舒服的事情。不真实感还能让他避免做出一些艰难的人生决定：他的工作和感情生活都不尽如人意。当他开始感觉更真实时，他觉得很不舒服，因为他不得不面对这些事实。我鼓励他坚持下去，坚持自我。一旦建立了联结，并理解了自己在何时以及为了什么原因而解离，他就可以选择以不同的方式对待自己，以及应对具有挑战性的情景。通过定期进行镜子冥想和拍摄视频日记，他学会了驾驭自我评判，摆脱威胁感，即使在不舒服时也能保持自我。

34. 放下对抗，治愈心灵

对抗是一种压力反应，其形式多种多样。让我们想一想，当我们处于生活巨变的阵痛中时，是如何与自己对抗的，就好像同时踩着油门和刹车，最终会因为对抗而产生更多的压力和痛苦，从而一直在原地打转。

布伦达是一位五十多岁的可爱女性，她患有肩周炎，这是一种肌肉疾病，她手臂和肩膀的活动范围受到严重限制。这种疾病通常没有直接的生理原因，但往往与情绪有关。布伦达刚刚经历了母亲的去世和一段长期恋情的突然结束。她焦虑不安，对自己非常不耐烦。她想开始新的事业，继续自己的生活，但她抱怨说："这该死的肩膀在拖我的后腿！"她还感到胸痛，幸运的是，那只是肌肉紧张的症状而已。她的肌肉似乎在不由自主地对抗，好像在与某个看不见的障碍物做对抗。她觉得自己在原地打转且一事无成。

我请她做了一些集中注意力和放松的练习后，建议她以自己喜欢的方式活动手臂，她立刻用手捂住了心口。她告诉我，她就是这样入睡的。日日夜夜，她都在保护着自己的心脏——显然，她的保护力度太大了，实际上是在伤害自己。她的肩周炎就是在她有意识和无意识地保护心脏的过程中产生和持续的。她开始与理疗师合作，放松手臂和肩膀的肌肉。她还与心理治疗师一起缓解她的焦虑和悲伤。我向她展示了如何使用镜子来了解身体与情绪之间的联系。

我建议她坐在镜子前，把手放在心口，以这种方式和自己在一起。不要强迫自己打开心扉，仅仅是与自己的心待在一起。在定期这样做之后，她的泪水开始涌出，她开始释放自己对珍贵关系的结束而深感悲伤的情绪。然而，她羞于在我面前表达她的感受。于是，我建议她每天对着镜子与自己的心待上二十分钟。

一段时间后，她发现和自己的影像玩耍很有趣。小时候，她对芭蕾舞情有独钟，她喜欢《天鹅湖》中芭蕾舞者舞动手臂的样子。于是，她开始对着镜子模仿那些轻柔、有棱角的动作，她的手臂似乎在表达她无法用语言表达的东西。她看着自己舞动的手臂，它们既能保护自己的心灵不受伤害，又能伸出双手去爱别人。最终，她的眼泪融化了她心中的屏障，她意识到自己的双臂和双手在表达爱，表达触摸他人、拥抱他人和被他人拥抱的渴望。这种认识是一种突破，它释放了深层的情感。

试一试

（1）想一想，你可曾觉得你在使劲推着自己或者别的推不动的东西，让你觉得很挫败？在你的视频日记中谈谈这个问题，试着找出你觉得阻力最大的身体部位。当你看着镜子中

神奇的镜子冥想：
拥抱你内心的小孩

的自己时，把呼吸带到那个部位，倾听身体可能想告诉你的事情。

（2）回顾你的视频日记，重点关注你的手势和肢体动作。你注意到了哪些模式？例如，你如何用手来表达自己的感受？在镜子前尝试各种手势：你的手想要怎么动？它们在讲述什么故事？

第六章

创造探索情绪的安全空间

第六章
创造探索情绪的安全空间

35. 情绪是如何镜映的

我们与他人共度的最令人满意的时刻，往往是那些我们感觉到自己被看见、被倾听、被镜映的时刻。这是如何做到的呢？

任何精彩对话都是包含由面部表情和肢体动作组成的复杂"交响乐"。我们天生就有能力把别人的肢体动作和面部表情与自己的感受或感觉联系起来，因此，当我们与别人面对面交谈时，尤其是当我们喜欢对方时，我们常常会不自觉地模仿对方的动作和表情！这就是所谓的"社交模仿"，它在面对面交流时自然发生。我们会自动地，而且往往是无意识地，模仿与我们互动的人的情绪表达。通过这种方式，我们相互镜映。在这个过程中，我们会感觉到自己作为一个人被看到、被倾听和被肯定。

我们甚至有镜像神经元，仅仅通过观察他人的情绪状态就能让这些镜像神经元启动。处理对方情绪状态的大脑部分被激活时，我们自己神经元网络中的相同部分也会被激活。因此，当我们看到别人有某种情绪体验时，我们的大脑也会以相同的方式启动。

我们最初是通过面对面接触来了解自己的情绪的。研究发现，不同的情绪会通过非语言反馈（如社交模仿）在他人身上引起不

神奇的镜子冥想：
拥抱你内心的小孩

同的反应。随着时间的推移，我们逐渐学会了表达情感的社交规则。我们通常会明白，在公共场合应该隐藏某些情绪，比如恐惧、愤怒和悲伤等所谓的负面情绪。我们还可能发现，当我们强烈表达这些情绪时，人们往往会避免直接镜映我们，他们会不自觉地模仿一两秒，然后把目光移开。

当我们意识到自己有情绪时，就会根据过去的经验选择如何反应。当我们看到一个感觉到害怕的孩子时，自然反应是去保护他，而不是站在那里模仿他。当别人感到悲伤时，我们可能会做出一个安慰的手势，而不是悲伤地回望着他，让悲伤加倍。当别人生气时，根据情况，我们可能会尽量避免直视他或尽量安抚他。直接镜映那些负面或难以承受的情绪往往是不明智的，因为这会让我们和他人感觉更糟。

因此，我们学到"把这些情绪表现出来是不对的"，而且由于早期的习得经历，我们可能会对情绪做出自我评判。然而，我们的情绪需要镜映，这样才能去感受它们、接纳它们，并将它们整合进我们的体验中。我们需要对自己和自己的所有感受感到舒服，而不仅仅是那些别人愿意与我们分享的感受。我们是人类，所以可以体验到人类的全部情感，即使别人觉得其中的某些情感让人不舒服或无法接受。

社交经历可能会让我们认为，拥有负面情绪会让我们变得不可爱，如果给他人的感受不好，那么我们这个人就不好。遵守情绪表现规则是社交功能不可或缺的一部分。但是，在这样做的过程中，我们可能会变得非常善于隐藏自己的真实情感，以至于失

第六章
创造探索情绪的安全空间

去了自我或者认为自己是个伪装者,无论发生什么都必须隐藏自己的真实情感,装出一副和颜悦色的样子。

镜子和视频日记为我们创造了一个探索自己情绪的安全空间,不必担心被他人评判,也不必应对他人的反应。在这个安全空间可以对自己的情绪充满好奇,不需要试图改变或修复情绪,甚至不需要辩解,可以充分地去感受它们。

在本章,我们可以尝试一些探索自己情绪的练习,阅读一些在接纳、表达和应对情绪方面遇到困难的案例,以便帮助我们使用自我觉察工具处理难以承受的情绪问题,并建立更强的情绪复原力。

神奇的镜子冥想：
拥抱你内心的小孩

36. 了解情绪表达的规则

你的扑克脸①有多厉害？

人们用表情来表达情绪。在社交中，人们会用面部表情向他人传递希望谈话如何进行的信号。但是，表情可能并不真实地反映内心感受。因此，当我们对着镜子与自己建立联系时，可能会意识到，情绪并没有实时地表现在脸上。

社会化过程让我们学会了表达情绪的规则。它让我们有意识地表达自己的情绪，而不是本能地表达。遵守情绪表达规则是社会功能的重要组成部分，但在这样做的过程中，我们可能会变得非常善于隐藏自己的真实情感，以至于开始与自己的真实感受失去联系。然而，把所有的情绪对他人和盘托出也会造成问题和误解，以至于不得不处理别人对我们情绪的反应。

微笑是我们在社交中根据社交表达规则向他人表达意图的常见方式之一。每个人都知道如何假笑。从早期的面对面交流中，我们学会何时可以表现出自己的真实情感，何时则应该把它们隐

---

① 扑克脸，指在牌类游戏中，拿到牌的人不动声色；在日常用语中引申为喜怒不形于色的意思。——译者注

第六章
创造探索情绪的安全空间

藏起来。父母本能地想保护我们免受负面社交经历的影响,他们会奖励那些能够鼓励和促进他人接纳我们的情绪表现。因此,从孩提时代起,我们就学会了通过特定的方式表现自己,以获得社会的认可。发展社交微笑来隐藏不被他人接受的情绪是社会化过程的一部分。

社交微笑通常是被自动激活的,我们可能没有完全意识到它。例如,聚会时遇到了粗鲁的评论,我们可能会反射性地微笑,以抑制当时的烦躁或愤怒。当我们在公共场合感到紧张时,社交微笑也可能会被激活,这也是公众自我意识的一部分。我们也会故意用微笑装点一场沟通,比如向对我们有疑心的人微笑,让他放心;对某个有魅力的陌生人快速闪过一个微笑,表示可以接近。

在日常交流中,真假微笑交织在一起。我们利用社交微笑来控制他人对我们的反应。社会对微笑的期望因性别和文化而异。女性的脸常被仔细观察、物化,并根据吸引力和友好程度被评判。所以,社会鼓励女性比男性更多地微笑。无论是形象顾问还是街上的陌生人,似乎每个人都有资格建议女性多微笑。"休息时的臭脸"这个词最常被用于女性,指的是社会期望女性即使在放松、不与他人直接接触时,也保持愉快的嘴角上扬。否则,她们的脸看起来会"很臭"!

如何判断某种情绪是否真实呢?

研究发现,观察者主要依靠眼睛和嘴部区域来成功识别情绪。不同的情绪最易在面部的不同区域被察觉。当整张脸都可见时,通常会将注意力集中在眼睛上,以发现悲伤和恐惧的情绪,而将

神奇的镜子冥想：
拥抱你内心的小孩

注意力集中在嘴部区域则能更可靠地察觉到厌恶和快乐情绪。面部的这两个部分可以单独工作，也可以进行复杂的协调工作。

　　研究发现，眼神中的真实情感尤其难以掩饰。尽管如此，眼神中的微表情还是可以被嘴部动作所掩盖。当我们遇到自己不喜欢的人时，可能会瞬间反射性地表现出厌恶的表情，但随后又会强颜欢笑地打招呼。那么这些虚假的表情能有效地隐藏真实的情绪吗？经过研究发现，后续的嘴部动作可以成功地掩盖眼睛中短暂的情绪变化或展示真实情绪的微表情。

　　真正的微笑会在眼眸中表现出来。面部表情研究人员不断地发现，强制性的社交微笑与感到幸福或快乐时自然流露的真实微笑之间存在明显差异。社交微笑只通过嘴边肌肉激活，而真正的微笑，即以发现这种微笑的法国解剖学家的名字命名的"杜彻尼微笑"，则同时涉及嘴部和眼睛。有趣的是，真正的微笑所涉及的面部肌肉，即眼轮匝肌，无法被自主激活。所以，可以从眼周的皱纹中看到真实的微笑。

　　我们的面部情绪表达既是自愿的，也是非自愿的。真实的表情会自动出现，并反映我们的内在情绪状态，比如当我们感到高兴时会微笑，但我们也可以有意识地改变表情，以符合文化和社会的期望。

> **试一试**
>
> 　　通常当人们第一次开始镜子冥想时，会对自己微笑。这本身并没有错，但我想请你好奇地想一想：这是社交性的微笑

第六章
创造探索情绪的安全空间

吗?是为了让自己和他人放松而展现出的姿态吗?是为了避免不知所措的不适而做出的表情吗?还是出于对自己的认可、爱意和尊重而流露出的真诚微笑?

自己坐在镜子前十分钟,脸上带着完全中性的表情,放松所有面部肌肉,让它们松弛,看看会发生什么。然后拍一个视频日记来讲述你的经历,谈谈你的体验。

37. 挖掘内心真实的感受

人到底有多少种不同的情绪？答案有待商榷。20世纪70年代，心理学家保罗·艾克曼（Paul Ekman）确定了六种基本情绪，他认为这些情绪是进化而来的，因此所有人类文化中都有。他确定的情绪包括快乐、悲伤、厌恶、恐惧、惊讶、愤怒。后来，他和其他研究人员扩大了这一清单。研究人员发现，这些情绪并非完全不同，人们会以不同的强度体验它们。而且，不同的情绪会相互融合，成为独特的情绪。另外，没有一种情绪是孤立的。情绪是微妙而复杂的，它们共同创造了丰富多彩的情感生活。

为了简单起见，这里重点讨论我认为与镜子冥想特别相关的情绪。我与学生们合作开发了一些技巧来帮助人们应对恐惧、愤怒、悲伤和快乐。还需要注意的是，这些练习针对的是可以控制的情绪强度范围。如果是超出控制范围的难过情绪，最好找一位专业的心理治疗师，在他的帮助下处理这些情绪。例如，我们可以一起处理烦躁和轻微的愤怒，如果是狂怒或担心会伤害自己或他人，请立即去看专业的心理治疗师。同样的，如果是强烈的、长期的悲伤的人，有可能会被诊断为抑郁症，也需要接受专业的

第六章
创造探索情绪的安全空间

治疗。长期的恐惧可能是创伤后应激障碍的症状之一，应由临床心理学家进行治疗。

在第五章中，我们从焦虑的角度广泛讨论了日常生活中常见的恐惧。因此，这一章将讨论快乐、愤怒和悲伤。我发现，愤怒是最容易对他人甚至对自己隐藏的一种情绪。如果仔细观察，就会发现愤怒可以用多种不同的形式出现在镜子中。前面我们已经讨论了愤怒和恐惧，以及"对抗—逃跑—僵住"反应中的"对抗"部分，这里我们将讨论愤怒的其他形式，以及愤怒如何影响我们对他人的看法。但首先，让我们把注意力转向快乐。

（1）快乐。

在所有情绪中，快乐往往是人们最努力追求的情绪。快乐通常被定义为一种愉快的情绪状态，其特征是满足、喜悦、称心、满意和幸福。快乐可以通过微笑之类的面部表情、放松的身体姿势以及乐观愉快的语调来表达。

作为一种社交功能，表达快乐在传达友好以及确保我们对他人不构成威胁方面起着至关重要的作用。像快乐这类令人愉悦的情绪会促使我们去做一些对我们自己和人类生存有利的事情（如繁殖和养育子女）。追求快乐往往是我们生活中的主要动力。

然而，快乐的概念也可以很复杂。我们收到了很多关于什么能让我们快乐的信息。我们也会因自身感受快乐的能力而受到评判。我们甚至会与他人竞争，以证明我们更快乐。如果从镜子中看到自己很快乐，我们很可能会不允许自己感到快乐，因为我们

神奇的镜子冥想：
拥抱你内心的小孩

会觉得必须不断地做一些事情来提升自己。也许是因为在成长过程中得到的信息是，对自己过份满意是一件不被看好的事情。如果太开心了，就说明出问题了。开心的时候照镜子会让我们产生各种自我批评和其他情绪。因此，照镜子的过程很有启发性，与镜中的自己一起体验真正的快乐，能让人获得解脱。

（2）悲伤。

悲伤是每个人都会时不时经历的一种情绪。这是我们失去重要的人或物时会产生的自然反应。不同的人和文化对于"失去"的概念不同，因此造成悲伤的原因也大相径庭。

悲伤的形式多种多样，如失望、哀伤、绝望、冷漠和情绪低落。在一些情况下，人们在经历长时间的严重悲伤后，会进而演变成抑郁症。悲伤有几种表达形式，包括哭泣、情绪低落、疲倦、沉默寡言和退缩。

悲伤的面部表情很容易识别，也很难伪造。一个明显而可靠的悲伤标志是眉毛内角上翘。很少有人能主动操纵这些肌肉，因此悲伤特别难以伪装（这点与其他面部动作不同）。

悲伤的普遍功能是发出求助信号。悲伤的面部表情可以向他人发出信号，表示需要安慰，或者需要一些时间从失落中恢复过来。但是，在与表达情感相关的社会规则的限制下，在感到悲伤时向他人求助可能是一件具有挑战性的事情。当我们看到有人悲伤时，可能不知道该怎么办。例如，对方正在为失去亲人而悲伤，我们很难知道是直接表达同情和关心比较好，还是试图用其他话

第六章
创造探索情绪的安全空间

题来转移他的注意力比较好。无论哪种方式,都有可能显得很尴尬,甚至显得冷漠。于是,假装没有注意到对方的悲伤就成了一个简单的逃避方法。具有讽刺意味的是,这种礼貌性的社交回避可能会让对方在为失去亲人而悲伤的同时感到更加孤独。这就是为什么把悲伤正常化,并在照镜子时直面内心的悲伤是如此重要。我们通常会回避悲伤的感觉,因为害怕被它淹没,但接纳甚至拥抱这种情绪会给我们带来很大的力量。

有些人会从悲伤中获得快乐,甚至会故意唤起悲伤的体验。还有一些人则极度厌恶悲伤,会不遗余力地避免他们认为可能引发悲伤情绪的情境。这甚至会导致他们逃避依恋或承诺,因为这可能会让他们失去他人并感到悲伤。关于依恋的内容将在第八章进行讨论。

(3)愤怒。

愤怒是一种非常强烈的情绪,可以表现为对他人的敌意、烦躁、沮丧和对抗情绪。与恐惧一样,愤怒在身体的对抗或逃跑反应中也占有一席之地。当威胁让我们产生愤怒情绪时,我们可能会倾向于抵御威胁和保护自己。

愤怒通常会通过面部表情表现出来,比如皱眉或瞪眼、采取强硬姿态或转身离开,以及用严厉的语气说话。愤怒情绪在脸上的表现是眉毛向下并拢、眼睛瞪大、嘴角收紧。如果有意识地压抑愤怒(或无意识地压抑愤怒),脸上的表情就会不那么明显,但也可能在瞬间闪现出愤怒的微表情。

神奇的镜子冥想：
拥抱你内心的小孩

愤怒的典型感觉包括身体发热（就像"火冒三丈"一词所表达的）、出汗、肌肉紧张、咬牙切齿和拳头紧握，也可能会身体前倾，头部或下巴向前突出，胸部或身体鼓起，身形显得比平时更大。

虽然愤怒通常被认为是一种负面情绪，但有时它也有好的作用，它有助于我们认清在一段关系中的需求，也可以激励我们采取行动，找到困扰我们的事情的解决方案。

然而，当过度愤怒或以不健康、危险或伤害他人的方式表达时，它就成了问题。不受控制的愤怒会很快演变成攻击、虐待或暴力。不受控制的愤怒会让人难以做出理性的决定，甚至会影响身体健康。因此，必须学会如何控制好愤怒。

与悲伤一样，避开愤怒的人往往比直接面对他们更容易。因此，很多人不愿意直面自己的愤怒，也不愿意直面他人的愤怒。镜子冥想可以帮助我们了解自己的愤怒，并以建设性的方式来处理它。

情绪在我们的生活中起着至关重要的作用，从影响我们在日常生活中与他人交往的方式到影响我们的决定。通过了解不同类型的情绪，可以理解这些情绪的表达方式以及它们对我们的行为所产生的影响。

> **试一试**
>
> 你可能已经对拥有和表达某些情绪产生了信念，你可以在视频日记中完成以下句子，来练习探索这些信念，可以尝试使用三种不同的人称视角。针对每种情绪做几次练习，直到你觉

得你已经用尽了所有可能的反应。然后集中注意力,以开放、富有同情心的心态回顾你的视频,看看你发现了什么。

当我快乐时,我……

当你生气时,你……

当塔拉悲伤时,她……

想想拥有某种情绪和陷于某种情绪状态之间的区别。

如果我拥有的快乐太多,我……

如果我拥有的快乐太少,我……

如果你拥有的愤怒太多,你……

如果你拥有的愤怒太少,你……

如果塔拉拥有的悲伤太多,塔拉……

如果塔拉拥有的悲伤太少,塔拉……

38. 情绪劳动与真情实感

我大学时期曾当过服务员，我会为顾客背诵餐厅的沙拉配料，那时我一定把配料说过了无数遍。事实上，许多年后，我仍然清楚地记得自己是怎么说的。哦，我说得是那样欢快："混合绿色沙拉，拌以奶油凯撒沙拉酱，用蓝纹奶酪和培根碎作点缀。"我带着灿烂的笑容说："当然，我很乐意帮您点上这份副菜——沙拉！"

在商业和社交互动中，人们对于以开朗和积极的态度来营造出良好氛围的感觉有着高度的要求。当我们实际上并没有那种感觉时，这种要求就会让我们产生压力或负担，这就是所谓的情绪劳动。

字典上说，情绪劳动是指管理情绪和表情以满足工作中的情绪要求。更具体地说，在与客户、同事和经理互动时，我们需要调节自己的情绪。这包括表达自己实际上并没有感觉到的情绪，比如在听到自己被指派新项目时表现出热情，或者在客户抱怨时表现出歉意，尽管那并非我们的过错。情绪劳动还包括压抑自己的真实感受，比如当客户出言不逊时会感到愤怒，或者当不诚实的同事被抓包时会感到欣喜。所有这些都是有意识、有策略地进

第六章
创造探索情绪的安全空间

行着,目的是让客户或顾客产生积极的感受,这样企业才能成功,我们才能保住工作!

情绪劳动也可能与家庭成员、伴侣以及负责照顾孩子的人所承受的情感负担有关。情绪劳动经常被指派给女性,不管女性的实际感受如何,留意他人的感受,并以促进他人良好感受的方式行事似乎是女性的分内事。

涉及情绪劳动的工作通常需要与他人进行面对面或声音对声音的接触。让他人产生某种情绪状态是人们对服务者的期待,例如,让顾客感到高兴和满意。

人们可以通过两种不同的方式进行情绪劳动:表面行动和深层行动。

表面行动是指员工表现出工作所需要的情绪,但并不改变自己的真实感受。 例如,我在当服务员时整晚都在拿沙拉,其实我并不兴奋,但我还是微笑着让顾客感觉到我的欢迎和关心。

深层行动是一个更费力的过程,在这个过程中,员工会改变自己的内在感受,使之与组织的期望相一致,从而产生更自然、更真实的情感表现。例如,你正在经历一场艰难的个人挑战,感到很苦恼,这时可以花几分钟时间,把个人情绪放在一边,回忆一下你做这份工作的目的、你为什么喜欢这份工作、你的职责是什么,以及你是如何为他人的生活做出积极贡献的。然后,再从内心深处采取行动。

表面行动和深层行动都是为了达到同样的目的:让客户满意,让业绩达标。然而,**研究表明,表面行动对员工健康的危害更大。**

神奇的镜子冥想：
拥抱你内心的小孩

一般来说，长期采取跟实际感受不一致的行为方式会对身心健康产生负面影响。那么，我们能做些什么呢？

首先，选择一份自己喜欢且符合自己价值观的工作。如果做不到这一点，可以试着对着镜子做一些深层行动。深呼吸，回归自己的身体，用自我对话来创造一系列肯定语，提醒自己抱有更远大的目标。此外，确保有一个健康的渠道来表达真实感受。

克拉拉在服务行业工作。她听了我做服务员的故事，非常认同。她需要这份服务员的工作来支付大学学费。克拉拉讨厌这份工作，但她知道自己不会一直做这份工作。她开始感到麻木和烦躁，于是来接受镜子冥想指导，希望得到一些支持。我建议她在进行深层行动之前，通过视频日记来探索自己的真实感受。我让她在每天下班后录制一段十分钟的视频，表达她心中的任何想法。结果证明，这对她来说是一个非常有效的练习。她之前没有意识到顾客的一些评论对她的影响有多深，也没有意识到整晚微笑对她来说是多么大的压力。到了晚上，克拉拉的脸颊真的会疼，她以前甚至没有注意到这一点。她的视频日记经常超过十分钟，有时只是咆哮，以释放整晚压抑的情绪。然后，克拉拉从平静、专注的角度观看了自己的视频，她对自己产生了同情，并对自己努力做好工作表示赞赏。最后，她甚至在与顾客的一些古怪互动中发现了幽默。视频给了她更广阔的视野，她学会了更轻松地看待这一切。

39. 直面内心的愤怒

我和凯瑟琳是多年的同事。在一次活动中，我发表了演讲，并进行了镜子冥想演示。她来找我说，她看起来很生气，而她以前从未见过自己的这一面。

凯瑟琳的举止有些严厉、咄咄逼人，所以她可能是最后一个知道自己在别人眼中是什么样子的。基本上，每个人都怕她。她眉头紧皱，嘴巴抿得紧紧的，眼神犀利刺人，看起来很刻薄。

"我的丈夫和孩子们总是说我看起来很凶。你觉得我看起来凶吗？"老天！幸运的是，我知道无数种用镜子救场的方法。所以我简单地回答道："你觉得镜子里的你看起来是什么样的？""我可以帮助你自己看一看。"我提议道。

当她来接受镜子冥想指导时，我询问她关于愤怒和刻薄的经历。她告诉我，她一生都在发脾气，她似乎就是无法控制自己的脾气。小时候，她的父母会很快退让，或者不惜一切代价来取悦她。凯瑟琳在学校里是个超级聪明的孩子，因为她表现出色，又是女生，所以从来没有被贴上行为问题儿童的标签。

凯瑟琳嫁给了威尔，威尔是个非常聪明又讨人喜欢的家伙。

神奇的镜子冥想：
拥抱你内心的小孩

他为自己有能力对付难以对付的人，尤其是女人而感到自豪。因此，他把凯瑟琳视为一种挑战；他认为她很令人兴奋，他喜欢被她需要。威尔通常会平息凯瑟琳的鲁莽所引起的许多争执和冲突。他觉得她偶尔的脾气很迷人，给每个人的经历都增添了几分戏剧性。在凯瑟琳的心目中，她只是对人真诚、真实，她不想用不必要的客套话浪费别人和自己的时间。偶尔煽风点火又何妨呢？

当她第一次进行镜子冥想时，一些变化发生了，于是她来进一步寻求改变。她笑着说："我看起来很愤怒！我差点吓到自己！"然后她变得严肃起来，"我想知道为什么。"正如我们在第三章中讨论过的，当我们试图改变时，询问事情发生的原因并没有什么帮助。我不想和凯瑟琳一起钻入"为什么"的兔子洞。我相信我们可以在她的人生和外在世界中找到很多值得生气的事情，但我想把重点放在现在该做什么上。她希望拥有怎样的感受？她希望自己在丈夫和孩子面前是什么样子的？

但首先，她必须愿意看到自己的愤怒。

当坐在镜子前时，她变得越来越激动。她想要强行推进这种体验，而不是置身其中，让事情自然发展。我建议她每天练习在镜子前坐五分钟，然后增加到十分钟、十五分钟、二十分钟。她需要在不受干扰的情况下独自进行镜子冥想。当她感到沮丧时，她一直依赖他人来平息自己的情绪。她的愤怒也让她语出伤人。

一般来说，愤怒很容易对自己和他人造成伤害。心理学家并不清楚，伤害的冲动是根植于愤怒内部的，还是后天习得的。但我们知道，它是愤怒过程的一部分，并会给我们带来麻烦。在凯

第六章
创造探索情绪的安全空间

瑟琳有语出伤人的冲动时,她通过注视着自己来打破这种循环。

她与一位从事愤怒管理的心理治疗师合作。正念镜子冥想让她更能够决定如何对某事做出反应——因为让她陷入麻烦的往往不是愤怒本身,而是她表达愤怒的方式。

凯瑟琳在家里开辟了一个空间,让她每天能够不受打扰地进行镜子冥想。在这个过程中,她开始深入了解自己的愤怒,并在没有胡思乱想的情况下自然而然地发现了许多原因。她意识到自己经常在需要个人空间和感到不堪重负时发怒。在她的愤怒之下,往往是更脆弱、更无助的情感。在那种情况下,她被激怒了,而且感到很无助,不相信任何人能帮助她。她觉得每个人都在退缩,都在害怕她,这加剧了她的愤怒和无助感。凯瑟琳为自己创造了一个安全空间,让自己从镜子中看到在她的愤怒之下是无助和恐慌。只是允许自己在镜子前哭泣和崩溃,对她来说就已经是一种治疗了。她与心理治疗师一起努力改变。当她开始感到一丝恼怒时,她会关注它,倾听它,并觉察表面之下的感受。

顺便提一句,大家可能听说过"宣泄疗法"这种治疗郁积愤怒的方法。其原理是,指定一个物体来代表你(仍然)对其感到愤怒的人,无论是父母、兄弟姐妹、前老板还是伴侣,把那个人想象成一个枕头,然后把它打得稀巴烂。从理论上讲,在心理治疗师的办公室里,可以安全地把憋在心里的怒气发泄到枕头上。然而,**研究表明,宣泄疗法实际上会让人更加愤怒**。直面愤怒,以及直面愤怒所保护的脆弱情感是更好的策略,尽管这并不容易。找一位擅长愤怒管理的心理治疗师,让他支持你进行深入探索。这非常值得!

40. 直面内心的悲伤

安柏的父母读过一些心理学书籍，那些书告诉他们通过给予孩子关注来奖励孩子好的行为，并通过收回对孩子的关注来阻止不好的行为。从理论上来说，安柏会通过这些奖励和惩罚学会如何行事。安柏的父母并不接纳她的情绪，他们强烈希望安柏成为一个快乐的小女孩。因此，当安柏微笑或咯咯笑的时候，父母就会给予她关注和表扬。当安柏不安、哭泣、皱眉头和挑剔时，父母就会收回对她的关注，直到安柏再次恢复快乐的笑容。

安柏从小就学会了如何吸引父母的注意。随着年龄的增长，安柏发现快乐和微笑能带来更多好处。唯一的问题是，安柏是人，她能感受到人类的全部情感，至少在她小时候是这样。现在，她无法确定自己对任何事情的感觉。安柏只知道自己很疲惫，很孤独。她来接受镜子冥想指导，是因为她想在与他人相处时更加真实，她已经厌倦了装出一副乐天派的样子，最近她发现自己花了越来越多的时间独自回忆过去。

面对镜子时，她的第一反应当然是对着镜子微笑。我建议她放松脸部，让脸上的所有肌肉都松弛下来。"我什么也感觉不到，

第六章
创造探索情绪的安全空间

我做不到。"她说。我向她保证,在什么都感觉不到的情况下也可以进行镜子冥想。这也许正是她为了开始练习所需要的东西。我建议她每天抽出二十分钟,在镜子前静静地坐着,不要抱有其他目标,只是花二十分钟和自己待在一起。

安柏接受过足够多的心理治疗,让她了解自己的成长经历对她成年后的影响。但是,面对镜子中的自己,她的自我觉察触及了更深的层次。她发现自己对"毫无感觉"抱有严厉的自我评判。她意识到自己在很大程度上仍然受制于幼时所接受的要求,即保持微笑,以免自己成为别人眼中的隐形人。她内心仍然坚信自己必须时刻保持好心情,否则就不会被人喜欢、接纳或关注。照镜子让她意识到这些早期信息的强大力量,即只有快乐和愉悦的人才能被别人看到。

安柏在接受心理治疗的同时,还进行了镜子冥想。安柏发现,儿时的自己在受到压抑时得到的支持是如此之少,以至于她在成年后变得麻木不仁。她没有办法处理自己的感受,好像她成了自己眼中的隐形人。

她受到的教育是负面情绪会导致人们离开她。在这个过程中,她失去了与父母的联结,也失去了与自己的联结。她与心理治疗师建立了情感联结,心理治疗师接纳并欢迎安柏的所有情绪,镜子也帮助她与自己建立起了联结。

当安柏更加致力于自我成长时,一股难以抑制的悲伤感涌上她的心头。她觉得自己失去了父母的爱,也看到自己如何从与朋友的友谊中退缩,因为她觉得别人最终会发现她是一个多么不快

神奇的镜子冥想：
拥抱你内心的小孩

乐的人，所以她认定自己无法维持友谊。她需要为失去这些机会而哀悼，并接纳自己过去的决定。安柏曾经觉得自己不够好，也不够快乐，无法对他人做出承诺。她认为自己需要始终保持快乐的心情，当她知道自己再也做不到时，她就不再愿意尝试。

现在，安柏坐在镜子前，她感到悲伤，就好像掉进了一个黑洞。安柏觉得自己一旦开始哭泣，就永远不会停止，只会在悲伤的深渊中越陷越深。她的心理治疗师帮助她回忆起在孩童时期，当她遇到困难时实际上是被父母抛弃的。这让她觉得痛苦是危险的，因为当她需要帮助时，没有人会在她身边。改变这种想法需要时间，她需要学着允许别人帮助她。此外，**通过镜子冥想学会帮助自己也是治愈过程的关键部分。**

第七章
自恋带来的启示

41. 纳西索斯寓言

当我刚开始做镜子冥想项目时，会去参加曼哈顿的社交聚会，那里有很多来自健康和冥想领域的人。我告诉他们我在使用镜子作为冥想工具。他们的眼中不止一次地闪过一丝愤慨："好自恋啊！"然而，每当我遇到批评时，同时也会收到一封电子邮件或一条评论："嘿，我尝试了镜子冥想。哇，它真的很有力量！谢谢你。"

在内心深处，我知道这个项目是值得的，因为我看到它对人们产生了多么大的帮助。然而，我始终有一丝怀疑，注视着镜子中的自己真的是自恋吗？我希望我已经说服了你，这不是自恋。在对镜子和自恋之间的联系做了大量研究之后，我明白了为什么人们对自我形象的感受很复杂，以及为什么"自恋"这个词会让人们情绪激动。

大家应该见过那幅纳西索斯在清澈的水池中凝视着自己的倒影，并彻底爱上自己的经典画作。在本章中，我将讲解对镜凝视与自恋之间的联系，我们从这种联系中可以学到很多东西。自恋者渴望在镜子中找到的东西是符合人性的，而非违背人性的。缺

神奇的镜子冥想：
拥抱你内心的小孩

乏共情和同情是自恋型人格障碍的基石。通过了解这些障碍是如何产生的，我们可以更好地了解自己，并对他人（包括自恋者）产生共情和同情。

"自恋者"是一个使用频率很高的词。事实上，如果在搜索引擎上搜索这个词，会得到几千万条结果。如果说人们对这个话题只是稍微有点兴趣，那就太轻描淡写了。

自恋到底是什么？字典上的定义是：对自己和自己的外貌过分感兴趣或崇拜。但是，当人们说"哦，那个人是个自恋狂"时，他们通常指的是自恋型人格障碍症状的某些变体。要被诊断为自恋型人格障碍，一个人必须至少表现出以下症状中的五条以上。

» 过分夸大自己的重要性，例如夸大自己的成就和才能，在没有取得相应成就的情况下希望被认为高人一等。

» 沉溺于对无限的成就、权力、才华、美貌或理想爱情的幻想之中。

» 认为自己是"特殊的"、独一无二的，只有其他特殊或身居高位者才能理解自己，或与自己交往。

» 需要被过度崇拜。

» 有一种理所应当感，比如不合理地期望别人给自己特别优厚的待遇，或期待别人自动服从自己的期望。

» 进行人际剥削，比如利用他人达到自己的目的。

» 缺乏共情能力，或不愿承认或认同他人的感受和需求。

» 经常嫉妒他人或认为他人嫉妒自己。

» 表现出傲慢、轻蔑的行为或态度。

第七章
自恋带来的启示

我们可能对小说、真人秀节目和现实生活中出现的自恋特征模式非常熟悉：浮夸、期望得到高人一等的待遇、恃强凌弱、操纵和利用他人、理所应当感、强烈需要别人的崇拜。虽然人群中只有1%的人全面符合自恋型人格障碍的诊断标准，但我们经常能见到较轻微的自恋型人格障碍患者。

自恋型人格障碍的关键特征在于缺乏共情。人类是通过面对面交往学会共情的。因此，自恋者似乎很喜欢看着镜子里的自己，却不太能看到别人，这真是一个有趣的巧合。

为什么我们会对自恋者如此感兴趣？我们又能从他们身上学到些什么呢？自恋和镜子之间有着独特而紧密的联系。我们对这种令人捉摸不透的特质产生浓厚兴趣绝非偶然。它与我们内心对爱、对真实自我的接纳，以及对被准确镜映的深刻需求有关。对许多人来说，这些需求常常得不到满足。这是一种普遍的失望，我们可能在不知不觉中共同承受着这种失望。

我们之前讨论过生命早期的镜映有多么重要。在成长过程中，大多数人都曾有不被准确镜映的经历。这些经历的频率、程度和强度，以及它们如何与其他经历相平衡，会影响人格的形成。有很多因素会促进自恋倾向的发展，其中大部分与父母（以及其他人）没有给孩子现实的镜映有关。比如父母过多地赞美孩子，却没有对孩子进行符合现实的批评；或者他们对孩子的好行为大加赞赏，对孩子的坏行为则过度批评。大人可能会因为孩子出众的外貌或能力而过分溺爱或过度赞美孩子，孩子可能会由此认为自己的影响力很大，以为自己的行为会引起别人的强烈反应。产生

神奇的镜子冥想：
拥抱你内心的小孩

自恋倾向的儿童还可能经历过被不可预测或不可靠的照顾、被情感虐待或被心理操纵。这些因素的任何组合都可能成为自恋型人格障碍的诱因。其结果是，孩子长大成人后，对自己没有现实的认识。从本质上讲，这类人不了解自己真正的优势和弱点，也无法准确洞察自己的行为对他人所产生的影响。

心理学家还发现，成人和儿童的自恋倾向在普遍上升。原因之一是自尊心课程的盛行，这些课程主张人应该拥有高度自信，而这种自信更多的是建立在形象而非经历之上。在那些课程中，人们只关注自己的积极面，而忽略了任何缺点。问题在于，通过积极的肯定和口号、讨好的自拍软件等来提升自我价值感，实际上绕过了培养情绪韧性和真正自信所需要的经历。研究表明，**逃避失败并不能保护一个人的自尊心**。事实上，恰恰相反，**要培养现实的自信和自尊，必须充分体验成功和失败、胜利和失望**。

试一试

（1）想一想在生活中，你被准确镜映和不被准确镜映的经历。拍摄一些五到十分钟的视频日记来描述这些经历。是否曾有父母或老师让你感觉到真正被看到了？那是一段怎样的经历？对你有什么影响？

（2）再回想一下那些没有准确看待你的人。那种感觉如何？尝试用第一人称、第二人称和第三人称来讲述这些经历，看看会给你带来怎样不同的感悟。

（3）想一想你对自恋的态度和感受。你认识的人中，有没

第七章
自恋带来的启示

> 有你认为患有自恋型人格障碍的人?他们的哪些方面让你认为他们是自恋型人格障碍?你希望看到他们在与你的关系方面发生怎样的变化?

42. 共情：感受你之所感

自恋型人格障碍的特点是缺乏对他人的共情和同情。没有这些，我们就会陷入自我陶醉的怪圈，从而失去建立令人满意的亲密关系的机会。通过了解共情和同情是如何形成的，我们可以发现一些关于自身需求的重要线索，以及为什么当我们所爱的人对我们不抱有共情和同情时，我们会如此沮丧。

"共情"和"同情"这两个词经常被交替使用，但了解其中的区别非常重要。共情是一种自动的情感反应和共鸣。当我们看到别人脸上的痛苦表情时，自己的脸上也会露出痛苦的表情，就好像我们也在经历这种痛苦一样。如果我们有很强的共情能力，就会很容易感受到他人的感受。同情则更多的是一种认知视角，下一节将详细讨论。

共情涉及与他人的情感产生共鸣的能力。我们天生就有能力把在别人身上看到的动作和表情与自己的感觉、感受联系起来。事实上，我们经常会不自觉地模仿在他人身上看到的动作或表情。例如，在与别人交谈时，尤其是在与喜欢或熟悉的人交谈时，人们会倾向于同步协调彼此的声音。如果两个人一开始有不同的发

第七章
自恋带来的启示

声模式,但到谈话结束时,尤其是在谈话进展顺利的情况下,两个人的语调、节奏和音量会变得相似,对话会像旋律一样交织在一起。

共情的另一个基础是面对面互动中的社交模仿。这是在大多数互动中会自然出现的现象,即我们会自动地,而且往往是无意识地模仿互动对象的情绪表达。当我们与对方"同步"时,我们调节自己的声音并使之与对方协调,而且我们还会模仿对方的动作。这一自动过程会产生镜像效应。仅仅是观察他人的情绪状态就会激活我们的镜像神经元。对方参与处理情绪状态的神经元网络被激活时,我们自身神经元网络中的相同部分也会被激活。因此,当我们看到别人有某种情绪体验时,大脑也会以相同的方式兴奋起来,就好像自己有这种情绪体验一样。

显然,我们天生就会与彼此产生情感共鸣。但是,每个人的共情能力存在着很大的差异。共情能力是由一个人的早期经历塑造的。在最基本的层面上,我们通过与他人反复进行面对面互动来学会共情。父母的养育在共情能力的发展中起着至关重要的作用。儿童通过反复的、面对面的实时互动来学习共情。令人毫不意外的是,有共情能力的父母往往会养育出有共情能力的孩子。但是,即使我们没有能够进行完美共情的父母,我们也可以提高自己的共情能力。共情能力提高后,就能更好地了解自己和他人的感受,这可以帮助我们改善与他人的沟通和联结。

集中注意力对于培养共情能力至关重要。花些时间与他人进行面对面的交流,不要让多任务处理和电子设备分散我们的注意

神奇的镜子冥想：
拥抱你内心的小孩

力。研究表明，婴儿更喜欢直接的目光接触以及那些模仿他们的人。似乎从一出生开始，我们就注定喜欢面对面的互动。事实上，这种被关注的需求对我们的生存至关重要。如果他人不关注婴儿或是不回应婴儿的需求，婴儿就无法存活下去，因此，我们天生就能把别人的注意力吸引到自己身上。这种自然过程的一个很好的例子是，母亲和婴儿之间的目光凝视会释放催产素，这种激素能使大脑产生神经化学变化，产生愉悦感，促进亲子联结。第十章将探讨成年人之间的目光凝视。

为了熟练运用共情能力，我们必须能够容纳自己的情绪，而不被情绪所淹没。如果不能容纳自己的情绪，那么就难以容纳他人的情绪。在生命早期，当我们刚刚开始学习自我控制时，我们与照料者之间的互动会帮助我们了解自己的情感。如果父母能够关注孩子的情绪，并能感同身受地将情绪反馈给孩子，这会帮助孩子获得容纳自身情绪的能力，并让孩子学会在情绪起伏时仍然与他人保持联结。如果父母不管出于什么原因无法关注孩子的情绪，那么孩子的感受就没有获得承认，可能也就没有学会如何容纳自己的情绪。在这种情况下，孩子可能会觉得只能依靠自己，从而养成自我关注的习惯。就像任何感到痛苦的人一样，无论是牙痛还是心痛，除了自己的痛苦之外，难以关注任何其他事情。第五章和第六章的练习就旨在帮助我们发展情绪觉察，培养对更强烈情绪的容纳能力。

试一试

（1）想想你生命中认识的人，有没有某个人特别会共情，在你的视频日记中说说与这个人在一起的感受。你是如何知道他在共情的，以及这对你产生了怎样的影响？

（2）回想某一次你希望某人能倾听和共情你的经历，在这个过程中，你最不满意的部分是什么？具体说一下，你渴望从对方那里得到什么？

43. 同情：知晓你之所感

共情常常是自动产生的。当我们看到别人面露痛苦，我们也会面露痛苦。然后，随着我们对情况有更多的了解，可能会做出同情的反应。

同情是一种设身处地的能力。例如，我们听说了发生在某人身上的不幸事件时，我们会想象自己在这种情况中的感受，并进行有意识的想象。要与他人建立有意义的关系，同情心是必不可少的。如果我们愿意并且能够理解他人的那些与我们不同的感受和经历，那么我们就能与他人建立和长期保持深厚的联结。

采取具有同情心的视角是一个包含着两个步骤的认知过程：首先，必须将对方的情绪与自己的情绪区分开来；然后，发挥自己的能力，以一种有益的方式回应对方的情绪。要理解他人的情绪状态，需要站在他们的视角。可以选择以类似的方式做出回应，比如，当别人与我们分享成功的消息时，我们会感到高兴和喜悦。或者，我们也可以做出与对方原本的情绪状态不同的反应，比如当对方生气或不安时，我们可以通过保持冷静和专注来回应。

第七章
自恋带来的启示

同情心是习得的。我们的成长经历会对同情能力产生深刻影响。如果父母关注孩子的需求，那么他们基本上就是在向孩子示范，如何理解他人以及从他人的视角出发看待问题。如果父母只关注他们自己的需要，比如他们想要一个完美的、漂亮的、聪明的孩子等，那么孩子可能就没有获得过同情和理解。因此，站在他人的视角看待问题对孩子来说就更难了。相反，孩子可能会把注意力集中在别人对他们的期望上，以及如何行事才能获得关注和认可，或者可能会保持强烈的自我关注，从而拒他人于千里之外。

当我们的情感需求得到满足后，就能学会理解他人的情感和需求。当我们与已经具备同情心的人在一起时，自己的同情心也会增强。如果父母不能坦然容纳自己的脆弱情绪，那么他们可能也不能容纳孩子的脆弱情绪。一个能够接受和表达各类情绪的人可以为他人树立榜样。如果父母允许别人看到他们的沮丧、混乱和悲伤，从某种意义上说，他们也就允许孩子无须那么完美。但是，如果父母拒绝接纳自己的负面情绪，只展现出有限的、"快乐/美好"之类的情绪和行为，那么孩子可能会认为，有其他感受意味着自己有问题。

在生命早期，如果我们的需求得到了满足，我们就更容易相信世界是善意的，善意也会成为我们对待他人时的本能。

富有同情心的人似乎很善于从他人的角度出发，在关注他人需求的同时，也能意识到自己的需求和感受，并允许他人看到自己的需求和感受。

神奇的镜子冥想:
拥抱你内心的小孩

> **试一试**
>
> 想想你生命中认识的人,有没有某个人特别富有同情心?写一写或是在视频日志中说一说与这个人在一起的感受。你是如何知道他富有同情心的?

第七章
自恋带来的启示

44. 同情可能比共情更好

能够天生共情的人会敏锐地感受到他人的痛苦。那么有人可能会问：会不会共情过了头，对别人的痛苦或悲伤感受太深而伤害到自己呢？

过多的共情可能会带来问题。首先，当我们太苦恼于他人的痛苦时，我们就没有足够的认知和情感资源去帮助他们。拥有同情心，即在认知上理解对方的感受，更有益于我们自己和需要帮助的人。

实际上，"共情过了头"的观点可以追溯到早期的佛教教义。相比于一味共情，以至于耗竭了自己的情感，佛教教导人们要把慈悲付诸实践，即所谓的"慈悲之行"（karuna①）。这是一种与他人同甘共苦、关怀他人的理念，其本质上是为他人着想，而非与他人同感。

神经科学家塔尼亚·辛格（Tania Singer）和奥尔加·克里梅茨基（Olga Klimecki）进行了一项研究，比较共情和同情的效果。

---

① karuna 是梵文，意指"为去除他人苦难而采取的行动"，也可翻译为"慈悲之行"。——译者注

神奇的镜子冥想：
拥抱你内心的小孩

两个参与小组分别接受了共情或同情训练。该研究揭示了大脑在这两种训练下的惊人差异。

首先，共情训练激活了大脑中与情绪和自我意识、情感和意识有关的部分，以及感受疼痛的区域。而同情组的大脑则激活了与学习、决策和奖励系统有关的区域。

其次，两种类型的训练导致了截然不同的情绪和行动态度。共情训练组的参与者觉得共情令他们感到不适和麻烦，而同情组成员则产生了积极的情绪。与共情组相比，同情组的成员最终会感觉到更多的善意，更渴望帮助他人。

因此，对他人的痛苦有认知上的理解，而不是和对方一起感受痛苦，会让我们更好地帮助对方和照顾自己。

当我们无法将他人的痛苦与自己的痛苦分开时，就会产生共情困扰。它可能导致职业倦怠和各种身心健康问题。如果你发现这种情绪很强烈，而且快要被汹涌的情绪淹没的话，以下有一些避免共情困扰的小贴士可以帮到你。

第一，要记得，好好呼吸。当你看到令人痛苦的事情时，对抗或逃跑反应会被激活，呼吸会变得又快又浅，而这会增加焦虑，进一步加重情绪。研究表明，缓慢、稳定的深呼吸能激活迷走神经，它植根于大脑，控制副交感神经系统，后者控制放松反应。深呼吸几次会让你感觉更加平静。

第二，感受自己的身体。当我们目睹他人的强烈情绪时，要有意识地保持自我，而不是沉浸在他人的体验中。感受双脚着地，扭动脚趾。如果你是站着的，那就稍微弯曲膝盖；如果你是坐着的，那就感受臀部坐在椅子上，而椅子支撑着你。留意身体的感觉，想象这些感受和情绪在你的身体中流过，你容纳着它们。当然，如果情况变得过于令你痛苦，也可以选择离开。

第三，照照镜子。当你沉浸在情绪中时，很容易忘记自我。花点时间看看自己的眼睛可以让你回到现实，帮助你回想起自己是谁，并从更广阔的角度看待眼前的情况。这种情况下，自我关怀式的镜子冥想练习就会派上用场。

> **试一试**
>
> 思考以下问题，并在视频日记中记录你的想法和反应。你会自然而然地共情他人吗？还是说，你倾向于带有同情心地理解他人？你是否觉得有些情绪比其他情绪更难引起你的共情？在与他人的交流中，你是否曾希望少一些共情，多一些同情性的理解？共情是否曾经妨碍过你的同情性理解？

45. 理解并同情自恋者

正如我们在上一节所学到的，比起道德品质，一个人是否采取同情性的行动跟他的情绪调节能力更有关。让我们再来看看那个自恋狂朋友，他凝视着自己的影像，无法移开视线去看别人。自恋型人格障碍的特点是缺乏共情和同情。最近对自恋者大脑的神经科学研究指出了一些因素，这些因素能够帮助我们理解为什么有些人的共情和同情能力受到了严重限制，以及如何提高这些重要的人际交往能力。

许多实验和临床观察发现，自恋者习惯性地站在自我陶醉视角，这种视角似乎让他们无法意识到他人的情感和体验。但是，他们的粗鲁和冷酷是故意的吗？神经科学的最新研究表明，他们缺乏共情和同情，可能是由于他们在处理情绪的认知能力上存在缺陷，而这些缺陷并不受他们意识的控制。这些发现揭示了人们为什么无法像自己希望的那样具有共情和同情能力。下面让我们仔细看看自恋者的大脑中发生了什么。

共情包括分享、想象和理解他人的情绪。神经科学研究发现，当我们共情时，大脑中的一些特定区域会被激活，其中一个大脑

第七章
自恋带来的启示

区域是前脑岛，它就像两个独立的认知处理网络之间的开关：一个负责完成任务，另一个被称为默认模式，涉及自我关注。换句话说，我们的大脑可以在专注于完成任务和专注于关注自我之间来回切换，但很难同时进行。

最近的大脑成像研究表明，自恋者无法共情的原因是前脑岛功能失调。他们的前脑岛似乎失衡了，无法关闭默认模式网络，而该网络将他们的注意力集中在自己身上。因此，换句话说，自恋者的大脑显示：他们无法停止想着自己，而这当然会损害他们分享和理解他人情感的能力。其他研究表明，自恋者可能并不是有意或故意不关心他人，他们只是不太能够识别和理解他人的情绪。

通过面部表情识别情绪是一项与共情有关的重要技能。在一项关于识别和理解恐惧、愤怒、厌恶、喜悦和悲伤等面部表情的经典测试研究中，自恋者在情绪识别方面表现出缺陷，尤其是对恐惧和愤怒的识别。自恋者在识别任务中有表现较差的倾向，与他们识别情绪的时间长短无关。因此，自恋者难以（通过恐惧和愤怒的表情）识别他人的痛苦，这阻碍了他们与他人产生共情。

在神经成像实验中，自恋测试中得分较高和较低的参与者完成了一项涉及对情绪化面孔图片共情的任务。自恋者的大脑中与自我关注有关的部分活跃度降低较少，这再次表明自恋者难以停止自我关注。在一份调查问卷中，自恋程度高的人比自恋程度低的人更容易在紧张的人际环境中产生以自我为中心的焦虑和不安。因此，自恋者在控制自我关注、识别他人情绪和调节焦虑方面存在困难，而这些似乎是他们在共情和同情方面出现问题的原因。

所以，如果我们指责某人是一个自私的自恋狂，那么可能只是在强化他的自我关注，助长他的焦虑。相反，看看我们能否让他把关注点放到我们身上来，并且非常明确地表达我们的感受。要知道，他可能需要比我们想象中更长的时间才能理解我们的感受。而且，要记住他内心的焦虑可能比外表看起来更加严重。我们需要保持平静，这会让他更容易与我们沟通。

当然，自恋到骨子里的人可能不会注意到这些线索。但我希望这项研究能让大家相信，许多心存善意的人当时可能只是太过专注于他们自己，而无法向你表达他们的同情和理解。也许你会联想到自己。如果你曾经在别人急切地需要同情时，错失了向他表达同情的机会，那么你要知道，你不是唯一一个会犯这种错误的人。

> **试一试**
>
> （1）回忆一下，是否某次你非常心烦或恼火，某个你在意的人希望得到你的关注和关怀，而你却无法给予他这些？写下这段经历，或拍摄一段视频日记来描述这段经历，一段时间后回顾这段日记。
>
> （2）留意你在面对他人表达恐惧或愤怒时的反应。这是否让你更难以对他们做出同情性的回应？下一次，当你亲近的人表达恐惧或愤怒时，看看你能否分析自己的反应。你的直接反应是什么？是什么阻碍你做出共情或同情性的反应？

第七章
自恋带来的启示

46. 用镜子找回缺失的部分

自恋到底是如何与镜子联系在一起的？在所有有意义的人际关系中，我们都需要被对方看到、被镜映和被欣赏。早期的精神分析研究发现，有一类特殊的病人似乎极度需要被看到、被认可、被理解、被联结、被欣赏和被赞美。在这些案例研究中，分析师们观察到一种与他人互动的模式，类似于纳西索斯的故事。这类病人有一种"镜映移情"现象，他们的人际关系变成了单向镜映，他们希望别人把自己看作独一无二、与众不同的人，希望别人能随时随地准确地关注自己、共情自己，他们自己却做不到这一点。他们对被看见、被关注、被镜映的需求似乎永远也无法满足。

心理学家认为，镜映移情是在成长关键时期个人本性未得到充分镜映的一种后果。第三章讨论了"人性本善"的概念，我们与生俱来的人性有时也被称为一个人的核心本质、无条件的向善或本性善。这是我们自身纯洁善良的那一部分。我们不需要做任何事情来赢得它或培养它，因为这种品质存在于最基本的人性之中。诗人将其描述为"从所爱之人的眼中看到灵魂或光芒"。如果在我们很小的时候，这种本质属性没有被看到和镜映，我们就会

神奇的镜子冥想：
拥抱你内心的小孩

依照别人对我们的看法和镜映来塑造一个理想化的自我形象。这种理想化的自我形象的基础通常是外貌、能力或成就。自恋者把这个理想化的自我误认为是真实自我，并最终发展出永远无法被满足的镜映需求。他们错误地寻求对于自身外貌、才能或成就的镜映，而这些镜映永远无法让他们真正满意，因为他们渴望的是对自己核心本质的镜映。

从自恋者的角度来看，治疗师、重要的人、朋友和同事、粉丝和追随者的存在只有一个主要功能：反映出他的"伟大"。自恋者将他人视为自己的镜子，而不是有自身复杂思想和情感的独立个体。自恋者利用他人来理想化地镜映自己。这种对认可、赞美和荣誉（被称为"自恋补给"）的贪得无厌帮助自恋者防御真实面目被他人无视时的痛苦和脆弱。因此，对自恋者来说，镜子本身只是自我欣赏的工具。

将自我价值等同于外貌吸引力这一观点在研究中得到了验证。研究发现，人们觉得自恋者比普通人更有吸引力，而身体吸引力与照镜子呈正相关。一项统计分析（称为"荟萃分析"）回顾了由一千多名参与者组成的近十五项不同研究，在这些研究中，观察者给出吸引力评分（不是自恋者给自己评分），研究发现自恋与身体吸引力之间存在微小但可靠的正相关。所以，对身体吸引力的测量偏差是比较小的。不难想象，自恋者会认为自己更有吸引力，但为什么别人也觉得他们更有吸引力呢？自恋者确实喜欢照镜子，所以他们会花更多的时间来装扮自己，以加强其自我形象。通过这种方式，自恋者更容易自我物化，认同外貌，并将自我价值建立在外貌而非品格之上。

身体吸引力与照镜子呈正相关。一项研究发现，那些在照镜子之前对自己的外貌表示满意的女性，在照镜子之后觉得自己更有魅力、更自信了。在一项有趣的实地研究中，研究人员观察了男女参与者在经过一片可用作镜子的反射玻璃时的情况。观察人员记录了每个人在经过反射玻璃时注视自己形象所花费的时间。观察者还分别对每位参与者的身体吸引力进行评分。结果发现，参与者注视镜子的时长与他们的身体吸引力评分之间存在正相关，这点对于女性和男性来说都一样。

研究表明，就像躯体变形障碍患者一样（在第二章中讨论过），自恋者与镜子常常有着特殊的关系。他们通过镜子将注意力完全集中在自己的身体形象上，以此来抵御脆弱感和负面情绪。自恋者用镜子来验证他们的理想化自我，但如果他们利用镜子看到外表之下的自我，并触及自己的脆弱之处，那时会发生什么呢？

试一试

当你开始练习镜子冥想时，留意你坐在镜子前时所出现的第一个想法。这个想法是基于你的外表吗？或是最近的成就？看看你是否能觉察一下自己的感受。如果感到不适，看看能否仅仅观察自己感到的不适。记得好好呼吸，感受自己的身体，这样你就不会被情绪淹没，而是在感受的同时与自己保持同在（而非采取行动）。

第八章
对孤独、独处与依恋的感悟

第八章
对孤独、独处与依恋的感悟

47. 如何看待孤独

你可曾感到过孤独？我想答案是肯定的。似乎每个人都或多或少地感到过孤独。然而，每个人又都觉得只有自己才有这种经历，而这恰恰进一步孤立了自己！本章将探讨孤独的一些常见原因，以及感知是如何发挥关键作用的，帮助我们对自己独特的关系模式有所了解，并学习如何改善我们与自己的关系。

看待孤独的方式之一是将其视为一种感知问题。当我们感知到自己对社交联系的渴望与实际体验之间存在差距时，就会形成苦恼或不适的状态。

有些孤独感可以简单地通过参加社交活动来缓解。也许我们只是需要找个人聊聊天，或者加入一个社交团体。但是，慢性或长期的孤独感往往是一系列复杂因素造成的。孤独使我们感到空虚、被孤立和不受欢迎。我们渴望与人接触，但这种精神状态实际上让我们更难与他人建立联系，这是因为孤独并不一定意味着独处，而是我们精神上的孤独和被孤立。从这个意义上来说，孤独是一种心理状态。简而言之，**我们可以通过自身的想法来制造孤独感，而孤独的思维会让孤独感长期存在。**

神奇的镜子冥想：
拥抱你内心的小孩

一项研究比较了四种常见的治疗孤独的方法：提高社交技能、加强社会支持、增加社交机会，以及改变长期孤独造成的错误思维模式。结果显示，改变思维模式是最有效的方法。

因此，如果我们感到孤独，请考虑一下脑海中对他人和社交自动产生的消极想法是如何阻碍我们建立有意义的联系的。想一想，也许这些想法并不准确。清晰而富有同情心的自我意识可以帮助我们打破这种循环。这是减少孤独感的关键因素。

留意我们的想法，看看内心关于自己和他人生活的消极对话是否准确。我们有在自我隔绝吗？是否觉得自己不值得拥有友情？正如前几章所讨论的，当我们观察到自己产生了负面想法时，请践行正念原则：将注意力集中在当下，保持开放和好奇，用善意对待自己和那些出现在脑海中的人。想一想，这些想法在生命早期曾帮助我们获得安全，现在却阻碍着我们获得积极的新体验。与自己保持同在，对新的可能性保持开放的态度，并以善意对待它们。

第八章
对孤独、独处与依恋的感悟

48. 孤独者的面部表达

你是否曾经想要接近某人，但在看到对方的表情后，又觉得这可能不是个好主意？非语言暗示和沟通风格能够强有力地影响着彼此接近时的感受。

研究发现，除了消极和不准确的思维方式之外，孤独者的非语言暗示、沟通风格和社交行为似乎会维持他们的孤独状态。一些研究人员假设，孤独者持续地感到孤独是因为他们无法理解社交信号，如微笑和眼神交流，而这些信号是积极社交的关键。其结果是，在孤独的时候，他们可能无法自动模仿他人的面部表情。例如，当我们与某人擦肩而过时，我们会条件反射性地向对方短暂微笑。社交模仿在大多数互动中都会自然而然地发生，在面对面交谈时，我们会自动地，而且往往是无意识地模仿对方的情绪表达。这是人与人之间产生联结的一个重要部分，如果没有它，无论我们与多少人交往，都会感到孤立无援。

那么，孤独者是故意不模仿微笑和进行眼神交流，还是另有隐情？为了弄清孤独者是否会捕捉到这些社交暗示并自动进行模仿，加州大学圣地亚哥分校的研究人员对35名学生志愿者进行

神奇的镜子冥想：
拥抱你内心的小孩

了一项小型的初步研究。学生们首先填写了三份自我报告问卷，问卷分别测量了他们的孤独感、抑郁程度和外向性。根据孤独感问卷的结果，他们被分为孤独组和不孤独组。接下来，他们的两对面部肌肉被贴上了电极，这两对肌肉对产生情绪表情非常重要——脸颊上的颧骨大肌（被称为微笑肌）和眉头上的皱眉肌。随后，研究人员向参与者播放了男性和女性做出愤怒、恐惧、喜悦和悲伤等面部表情的视频片段。

对面部表情进行评分时，孤独学生和非孤独学生在区分面部表情方面的能力相当。在消极情绪（愤怒、恐惧和悲伤）强度和积极情绪（喜悦）强度的评分上，两组学生没有差异。因此，孤独者和非孤独者一样能够识别和理解情绪表达。

然而，孤独组学生的脸部对视频片段做出了不同的自发反应。当两组学生看到视频中的人表现出愤怒时，他们自己的眉毛也会自动揪起并模仿这种表情。但当视频中的表情是喜悦时，只有非孤独组的学生自动露出了笑容。参与者在抑郁和外向性方面的得分与这一效应无关；只有孤独感造成了差异。研究人员证实，当别人明确提出要求时，孤独组其实可以故意模仿微笑和皱眉。他们还发现，孤独组在观看不包括人的非社交性积极图片（如自然场景）时会自动微笑，而这些图像也会让另一组人微笑。

这些研究结果表明，无法自动模仿他人的微笑可能是维持孤独的一个因素。研究人员指出，无法模仿微笑可能会向他人发出反社交信号，从而破坏社交联系，导致社交孤立。这可能是一种维持长期孤独的无意识行为机制。

第八章
对孤独、独处与依恋的感悟

值得注意的是，这只是一项小型的初步研究。我们无法推断其中的因果关系：是孤独感干扰了微笑模仿，还是缺乏微笑模仿造成了孤独感？但这确实表明，微妙的非语言信号会对他人是否接近或回避我们造成很大的影响。提高对这些信号的觉察也许能够提高我们的人际关系质量。

> **试一试**
>
> 想一想那些能让你微笑的人。练习一边想着他们，一边微笑。一边做这个练习，一边照镜子。可以考虑拍一段视频日记，在日记中描述一个让你微笑的人，或者回忆一个让你微笑的社交场景。在视频日记中讲述这些事情，日后当你感到孤独时回看这个视频。

49. 独处的能力

前面已经讨论过孤独，那独处呢？你对自己独处感到满意吗？

自在地独处是一项基本技能，它能为我们提供更多选择，从而提高我们的生活质量。如果我们能够自在地独处，就有更多的自由来选择如何以及与谁一起打发时间。这不仅仅是培养独处时的爱好、兴趣和所做事项，培养独处的能力意味着与自己建立了更亲密的关系。与自己建立更牢固、更富有同情心的关系，是自我觉察之旅的主要益处之一。

倘若你思考一下我们的社会结构，便会轻易地觉得自己孤立无援。但是，既然你活到了现在，那么就说明你并不是一个人在战斗。事实上，与他人相处是我们生存的必要条件，也是培养独处能力的关键。

精神分析学家 D. W. 温尼科特（D. W. Winnicott）在其经典文章《独处的能力》(*The Capacity to Be Alone*) 中描述了独处的悖论，他认为独处的能力来自在他人（通常是母亲）面前独处的体验。我们需要感受到另一个人的存在——她就在我们身边，且不对我们提出任何要求，与她在一起，我们会感到安全。我们需要

第八章
对孤独、独处与依恋的感悟

以这种方式被他人看到,从而形成自我意识。**我们既需要知道对方看到了我们,也需要知道我们与对方是相互独立的个体**。这个过程让我们确信,即使对方不在,我们也能继续存在,而且我们的存在是有意义和价值的。从这种体验中,我们内化了一种自我意识和安全感,这是我们能够容纳独处的基础。

这种有一个人无条件地陪伴着我们,对我们没有任何期望,也没有任何需要或要求的体验是至关重要的。早年有过这样的体验,我们会终生铭记。如果没有充分体验过这种在他人面前独处的经历,我们可能会将独处与空虚、恐惧、脆弱以及不值得被他人关注或陪伴联系在一起。如果我们在早年没有这种体验,仍然可以从心理治疗师、导师或老师——任何愿意无条件地陪伴我们并以我们的最大利益为重的人——那里获得这种体验。

通过这种在他人面前独处的最初体验,我们可以在独处时创造出复制这种体验的心理状态,也可以通过摆放他人的物品来模拟这种"静默存在"的体验。

当我还是个孩子的时候,卧室里有一张保罗·麦卡锡(Paul McCarthy)[①]的海报。他的目光追随着我,让我不再感到孤独。那时候,我和父母的关系并不融洽。融入同龄人的圈子,对我来说既困难又痛苦,但保罗始终关注着我。他用那双深情的棕色大眼睛愉快地注视着我。我并不觉得他真的在我身边,我仅仅是需要他看见我。我想象着他理解我,仅仅是他在我身边陪着我就让我心满意足,这给了我慰藉。现在,和许多每天独自工作数小时的

[①] 保罗·麦卡锡,美国当代艺术家。——译者注

神奇的镜子冥想：
拥抱你内心的小孩

人一样，我的办公桌上也摆放着我所爱的人的照片——他们陪伴着我，在我工作的时候愉快而仁慈地注视着我，什么要求也没有。

这有什么作用呢？所爱之人的默默陪伴给人一种持续的安慰和联结感，不需要付出精力应对实际的拜访或谈话，所以我们的精力可以用于单独完成手头的工作。这些注视着我们的照片持续地提醒着我们，有人在关心我们，对我们感兴趣。归根结底，它提醒着我们自己所拥有的人类天性。

"他人的静默存在"有很多种形式。例如，艺术家可能有一个缪斯女神，其存在的目的是激发伟大的创作。在艺术家的想象中，缪斯女神并不对他要求什么，而往往只是在场、沉默、耐心地注视着艺术家的创作。纵观历史，这些缪斯女神保护并注视着艺术家及其创作过程。在许多精神传统中，也能发现这类"他人的静默存在"。人们相信上帝、灵魂、天使和逝去的亲人在守护着他们，并从中获得安慰。当我们独处时，常常会想起我们所爱的人，想象他们与我们同在。这是一种许多人从不谈论的私人体验，但它出奇地普遍。

所以，很矛盾的是，**独处能力来自我们内心知道自己从未真正孤独过。**

是否有这样一个人或一个存在，在你独处时陪伴着你？你是否会想象他注视着你？如果会的话，他对你的总体态度是怎样的？

第八章
对孤独、独处与依恋的感悟

50. 自我关系中的依恋模式

与父母和照顾者的早期相处经历会影响我们日后的人际关系。这是心理学界经常听到的一句话。这种说法很直观，但我们往往没有意识到这种影响的全面性。由约翰·鲍尔比（John Bowlby）最初提出的依恋理论帮助许多人更好地理解自己的人际关系，以及过去经历是如何影响他们对自己和他人的看法的。依恋理论的观点被广泛引用，因为事实证明，这些观点有助于深入了解我们是如何与他人相处的，尤其是在亲密关系中。在此我提议，这些观点也可以应用于你与自己的相处方式上。

让我们先回顾一下这个理论。鲍尔比观察到，包括人类在内的所有哺乳动物似乎都有一种与生俱来的驱动力，那就是寻求与照料者的亲近和温柔接触。当我们感到威胁或恐惧时尤其如此。基于早期寻求依恋的经历，成年后的我们会对别人将如何回应自己产生相应的期望。

安全型依恋风格的人可以自如地依赖他人，也可以让他人依赖自己。他们有一种基本的信任和自信，相信他人会以善意的方式回应自己，相信与他人亲近是安全和有益的。如果你回忆童年，

神奇的镜子冥想：
拥抱你内心的小孩

其中大部分经历都是父母满足了你对安全的需求，他们安慰你并允许你亲近他们，尤其是在你感到苦恼、不确定或害怕的时候，那么你很可能就是安全型依恋风格。

不安全依恋风格分为两种：回避型依恋风格和焦虑型依恋风格。

如果你是回避型依恋风格，那么你一般会避免与他人亲近，因为你不觉得亲近有什么好处，可能你担心别人会伤害你或让你失望，因此，你不会努力与他们建立联系。你会显得有点冷漠。回避型成年人可能在童年时期有过需要帮助或安慰却得不到的经历。他们的父母可能不在他们身边，或者在情感上是缺席的，他们的家庭可能让他们因为需要安慰而感到羞耻，或因表现出脆弱而被利用，等等。随着时间的推移，向他人寻求帮助和安慰的本能就会逐渐消失，因为向他人靠近的行为要么得不到回应，要么得到负面结果。如果依赖他人，他人却总是不在身边或无法做出安慰性的回应，那就太痛苦了。所以，你通常会远离他人，当你感到压力时尤其如此。如果你是回避型依恋风格，你可能会害怕与他人走得太近，不想让别人看到你的脆弱，当你感到不安时，你可能会本能地远离那些与你亲近的人。

焦虑型依恋风格的人则恰恰相反。你强烈地希望与人亲近，担心别人会抛弃自己。你可能有点粘人，但讽刺的是，粘人可能会带来你最恐惧的事：对方转身离开。在人际关系中，焦虑型的人往往心事重重，既兴奋又害怕。当事情进展顺利时，你倍感兴奋。当你开始担心自己会突然被毫无征兆地抛弃、放弃或拒绝时，

第八章
对孤独、独处与依恋的感悟

恐惧感就油然而生。焦虑型的成年人往往有过充满不可预知性的童年。也许你的爸爸或妈妈对你忽冷忽热，前一秒还对你疼爱有加，后一秒就对你咆哮讥讽。由于不知道下一秒会发生什么，你学会了密切关注亲人的一举一动。在成年后的人际关系中，你可能会陷入"拉近—推远"或"到底爱我还是不爱我"的戏码之中，这些戏码会不断重演（通常是无意识的）。对于焦虑型的人来说，爱情和友谊就像坐过山车一样激烈。他们永远生活在危机和戏剧之中。如果你担心别人会抛弃你，对感情生活心事重重，心情起起落落，那么你可能就是焦虑型依恋风格的人。

现在，让我们后退一步。在我们思考自己与他人的关系是哪种依恋模式之前，让我们先考虑一下这些模式在我们与自己的关系中是如何体现的。我们与自己的关系是生命中最长久也是唯一真正永存的关系，也是所有其他人际关系的基础。我们见证了自己的每一个想法、梦想、感受、主意和行动，没有人拥有我们独特的人生经历。友谊和恋情可以让我们感受到支持和爱，但与自己建立富有同情心和爱的联系，享受与自己相处的时光，即使别人不在我们身边时也能欣赏自己，这才是健康、令人满意的成人关系的基础。

有一句谚语说：如果你喜欢与你同在的人（也就是你自己），你就永远不会感到孤独。也许感到孤独其实就是贬低自己的陪伴，抛弃自己的一种形式。在本章接下来的两节中，我们将从自我关系的角度探讨两种不安全依恋模式。也就是说，我们与自己的关系是安全依恋模式还是不安全依恋模式？是回避型的还是焦虑型

神奇的镜子冥想：
拥抱你内心的小孩

的？或者兼而有之？

> **试一试**
>
> 思考三种不同的依恋风格，你认为自己最接近哪一种？为什么？花一些时间在视频日记中探讨这个问题。回忆一下你脑海中印象最深刻的过往经历和人际关系。

第八章
对孤独、独处与依恋的感悟

51. 焦虑型自我依恋

焦虑型自我依恋模式的人更关注他人并将其理想化，而不是关注自己和自己的行为。在早期的依恋经历中，他们无法预测自己所依赖之人接下来会做什么，因此会焦虑于自己的需求是否会得到满足，并将注意力集中在他人的行为上，而不是关注自己。

卡拉来找我学习镜子冥想。她在传统的闭眼冥想中遇到了困难，因为她感到思绪纷飞。在一次静心冥想闭关中，当她意识到自己很难抑制与周围人交谈的冲动时，她陷入了恐慌。她很不习惯独处，即使在我的咨询中，她也很难忍受谈话中的沉默。她总是需要确保自己可以待在这里，以及我很重视她这个人和我跟她的合作。

卡拉就是焦虑型自我依恋模式的一个例子。她既满脑子想着自己，却又并不与自己同在。她的注意力飘忽不定，落在生活中不同的人身上：审视自己与他们的关系，琢磨着要是他们知道她和我在一起会怎么想，他们会如何进行镜子冥想，她要怎么跟他们讲述自己做冥想的经历，她又要如何应对他们对此的批评、取笑和质疑，等等。

神奇的镜子冥想：
拥抱你内心的小孩

当然，所有这一切都发生在卡拉的脑海中，她的朋友、家人和恋人都不在她身边！卡拉需要勇敢地面对自己。我的工作包括帮助她找回自己的注意力，并让她意识到她正处于关注他人而不是自己的模式。

焦虑型依恋涉及对被抛弃的恐惧，焦虑的自我关系模式意味着自我抛弃。当我们感到不安时，我们不会关心自己，而是会自动把注意力集中在他人以及他人对我们的感受上。

当卡拉坐在镜子前时，她很自然地从别人的角度来看待自己。她甚至问我的体验如何，并向我道歉，因为她认为在她冥想的时候，我和她待在一起一定很无聊。我向她保证我很好，而且我很高兴能支持和鼓励她把注意力放回自己身上。

卡拉需要对自己关注他人的习惯有更多的觉察。同时，她也需要练习自我同情。有时，当我们意识到自己在进行自我挫败时，我们会进一步谴责自己，从而使改变自我挫败的习惯变得更加困难。我和卡拉的工作包括帮助她与自己待在一起，觉察她将注意力从自己身上转移到他人身上的模式，以及她何时和为何会这样做。我帮助她找回自己的注意力，让她更清楚地意识到，在她将注意力从自己身上转移到别人身上之前的那一刻出现了怎样的想法和感受。

卡拉意识到，她对与自己待在一起这件事没有安全感，她不信任自己，也不珍视自己的陪伴。我鼓励她定期练习镜子冥想，专注于和自己待在一起。"仅仅和你自己待在一起。只有你自己，只有你自己。仅仅和你自己待在一起。"随着时间的推移，她关注

第八章
对孤独、独处与依恋的感悟

自我、不抛弃自我转而专注于他人的能力不断增强。

与他人相处自如的一个关键是,知道你不必做任何事情来把另一个人拴在身旁。如果你是焦虑型自我依恋模式,那么你可能会认为,如果你不时刻关注别人的存在、情绪和对你的反应,他们就会离开你。因此,当你与自己独处时,你仍然处于监控人际关系的模式。关注亲友的感受和态度是有必要的,但你也必须培养把注意力从他们身上移开的能力。你可以通过一次又一次的自我同情回到自己身边来练习这种能力。

试一试

下一次,当你在冥想或做其他事时发现自己的思绪飘向别人,问问自己:在那个人出现在我脑海之前的那一刻,我有怎样的想法或感受?我想从这个人身上得到什么?爱、认可、保护还是对他的掌控?带着最大的自我同情诚实地面对自己。请记住,无论你的动机、愿望和需求是什么,它们都是人之常情,拥有它们并无大碍,但是被它们驱使着采取行动可能并不明智!通过诚实地面对自己,你会建立起自我信任和自我接纳。

另外,看看你的需求和感受中是否有着某种模式:当他人不在你身边时,你如何帮助自己获得安全感、控制感、爱或认可?

拍摄一段视频日记,在其中反思这个问题。你还可以在感到安全和自信时拍摄一段视频日记,日后当你感到焦虑和不安时,就可以通过观看这段视频日记来自我安抚。

52. 回避型自我依恋

回避型依恋模式的人往往会避免与他人亲近。回避型依恋的另一个关键词是轻视——觉得人际关系并不那么重要。由于早期的依恋经历，他们可能觉得避开他人会更好，尤其是在感受到压力的时候，因为他们觉得别人会让事情变得更糟糕。在自我关系方面，回避型自我依恋的人往往对自己不屑一顾，他们忽视自己的痛苦感受——用工作、视频、食物、购物或者其他任何习惯来转移自己的注意力。这种自动条件反射的形成是为了防御脆弱和孤独所带来的痛苦。

塔玛拉觉得自己的生活中缺少了什么，所以来接受镜子冥想指导。她花了很多时间独处，而且一般都能自得其乐。然而，当她坐在镜子前与自己待在一起时，她觉得少了点什么。她的注意力会转移到她的待办事项清单上：整理衣橱、当天要吃的食物、在网上购物的冲动——除她自己以外的一切！虽然这在日常生活中对她来说不构成什么大问题，但她注意到，自己会自动地回避注视自己，当她感到压力时也无法寻求他人的帮助。小时候，她会因为脆弱而被嘲笑或忽视；成年后，她认为只有自己一切顺

第八章
对孤独、独处与依恋的感悟

利时，才能与他人接触。她承认她没有深刻的或令她满足的人际关系。

我协助塔玛拉，帮助她与自己待在一起，无论感觉如何，都不去否定或回避自己。起初，塔玛拉毫无感觉。她的注意力就像水中的软木塞：一直浮在水面上，而不是深入到感受之中。她已经学会了让所有东西都浮于表面。她说："我什么也感觉不到。"我说："没关系。跟自己待在一起，简单地观察自己。"

她很难允许我看到她。她担心我会强迫她去感受什么，或者用不准确、错误或者干脆令人讨厌的方式来解释她的感受。我向她保证，她拥有自己感受的话语权，我并不期待她有某种感受。我只是为她撑起一片空间，让她能够拥有和自己待在一起的全新体验——无论这种体验是怎样的。我鼓励她独自进行镜子冥想，并指出，展示一些脆弱给信任的人看到是至关重要的。回避型依恋模式的人在感受到压力时会忽视自己的感受，并进一步切断与他人的联系，而那些人可能恰恰会提供有价值的反思和支持，改掉这个习惯有助于塔玛拉与他人建立更深厚的友谊。

当塔玛拉能够与自己待在一起并观察自己时，她开始有了感觉。她开始担心自己会有太多的感受，被感受淹没，或者沉浸在自己的感受中，以至于无法完成其他事情。我建议她每天做十分钟镜子冥想，练习与自己待在一起，允许自己去感受。十分钟后，她可以做其他任何她想做或必须做的事情，但无论如何都要承诺每天花十分钟与自己待在一起。她还同意每天拍摄十分钟的视频日记，即使没有感受到什么，也要在视频日记中谈谈自己的感受。

神奇的镜子冥想：
拥抱你内心的小孩

通过每天给予自己这样的关注，随着时间的推移，塔玛拉与自己建立了更牢固的关系。她发现了一些自己一直在回避的深层情绪。最终，当她意识到自己的实际感受有多么强烈，以及长期以来她是如何回避自己和自己的真实感受时，她的心中涌现出了自我同情。

> **试一试**
>
> 下一次，当你没有什么感受时，照照镜子。看看你是否能容纳自己在没有太多感受的情况下与自己相处。
>
> 当你有冲动想吃零食、刷网页、购物或做其他转移注意力的事情时，看看你是否能对着镜子注视自己，哪怕只是短短地瞥一眼，以打断这种转移注意力的习惯。
>
> 看看你是否能养成在感受到压力时自我关怀而不是自我遗弃的习惯。要知道，你可以只是与自己坐在一起，而不必修复自己，也不必改变自己的感受。你只需要陪陪自己。

第九章

允许别人看到真实的我们

第九章
允许别人看到真实的我们

53. 别人是我们的一面镜子

作为社会人,我们通过他人来镜映自己。这从我们与父母相处的第一天就开始了,并随着我们的成长而不断扩大。如果没有别人来镜映我们,让我们知道自己是谁,对我们身体形态和情绪做出反应,以及反映、映照和模仿我们,我们怎么可能了解自己呢?通过这些经历,我们形成了自我意识。

身边有着充满爱的、负责任的、准确的观察者和镜映者是一件非常美好的事。但是,在我们的成长过程中,身边的大人完全有可能无法提供充满爱的、基于现实的和一致的镜映。大多数人这两种经历都有过。你能回忆起自己年幼的时候,某一次大人告诉了你一件有关你自己的事情,让你记忆犹新,并改变了你对自己的看法吗?那一次大人的话准确吗?是善意的吗?

在孩提时代,当我们刚刚开始形成自我意识和身份认同时,没有能力质疑这些镜映的准确性,只能把它们当作事实。所以从总体上来说,孩子更容易受到负面信息的影响。例如,你对孩子说:"嘿,你真笨!"他更容易相信这是真的,并将其铭记于心。相反,如果你对一个成年人说:"嘿,你真笨!"他可能会回怼

神奇的镜子冥想：
拥抱你内心的小孩

你！作为成年人，有情感和认知能力去回顾和重新审视自己对于自己的信念，可以觉察它们的来源，并质疑它们的准确性。成年人更能拒绝不准确的镜映和错误的反馈。作为成年人，自我意识更加稳固，但它背后的基础，是在孩童时期所接收到的关于自己的信息。

在第三章中，我们讨论过自我对话，并给予了内在批评者特别的关注。在本章中，我们将重点讨论他人的目光是如何影响我们对自己的看法的。我还会分享一些故事，阐释很多人在害怕被别人看到时所遇到的常见问题。我们将讨论为什么不该因为害怕被人看到而拒绝全身心地投入生活。我们无法保证自己会被准确或善意地看待和镜映，但可以鼓起勇气，在与自己保持联结的同时，也与他人保持联结。接下来的内容会给你一些提示和技巧，帮助你允许自己被他人看到，也让他人更能以有意义的方式与你建立连接。

> **试一试**
>
> 在视频日记中，讨论他人对你的看法如何影响了你。回想一下你的人生，在你成长过程中，别人是如何评价你的？其他的大人或孩子用什么词来形容你？他们是怎么谈论你的？这对成年后的你有什么影响？
>
> 然后考虑一下：过去人们是如何看待你的？他们的看法是正面的还是负面的？是准确的还是不准确的？这对你有怎样的影响？现在，你希望别人如何看待你？那么，未来呢？

第九章
允许别人看到真实的我们

54. 镜映塑造了我们的身份认同

镜子冥想者经常会说，当他们长时间地对镜沉思后，会看到自己与某个亲人有些相似。"我看到我母亲在回望着我""这肯定是我父亲的鼻子""我的眼睛里闪烁着奶奶眼里的光芒！"这些洞察往往会让他们开始思考自己的外貌如何塑造了他们对自己的看法和身份认同。

我花了很多时间对镜思考自己的身份认同。我从小就知道自己是被收养的。我父亲告诉我，他想要一个金发碧眼的小女孩，所以当他看到我时，他知道我就是他想要收养的那个孩子。所以小时候的我会想象，父母去婴儿商店，在过道里转来转去地寻找，然后他们在货架上看到了我（通常是最上面那排货架），高兴地叫道："就是她了！就是她了！"然后，他们把我从货架上抱下来，放进购物车，排队结账，把我带回家。被称作"芭比"更是让我深刻意识到，自己的外貌非常重要！

和每个人一样，我的外貌在很大程度上是天生的。其实人们的外貌在某种程度上是可以改变的，但那些人们常用来评判我们的显著特征，如肤色、身高、年龄以及与种族和民族有关的面部

神奇的镜子冥想：
拥抱你内心的小孩

特征，却很难改变。因此，我们在某种程度上与自己的外表捆绑在一起，而且它往往对我们的命运起着至关重要的作用。那我们该如何看待这件事呢？

多年来，我对着镜子思考自己的形象，我一直明白自己不是"芭芭拉"，更不是"芭比"！但我到底是谁呢？为了回答这个问题，我决定找到我的亲生父母，那真是一次相当大的冒险。与他们的会面很奇妙，也改变了我的生活。仅仅是了解他们和我祖辈的人生故事，就给了我一种前所未有的完整感和归属感。我发现与他们面对面的交流让我深感满足。他们给了我他们不同年龄时的照片，以及他们父母和兄弟姐妹的照片。我看到了惊人的相似之处。这是我有生以来第一次看到长得像我的人。我带着孩童般的喜悦和迷恋，将镜中的自己和照片进行比较。在旁人看来，这可能是愚蠢或虚荣的，但对我来说，这是我对自己看法的深刻转变。

在我的成长过程中，有一些我对自己的看法从来没有获得养父母或其他成年人的镜映，但与亲生父母的会面确认了那些看法。这让我更加感激生命，也确立了我的使命感。有了这个洞察之后，我坐在镜子前，想到自己叫"芭芭拉"，就开始觉得痛苦不堪——我从骨子里觉得这个名字很不真实。我无法不这么想，也无法不这么感受。最终，我把自己的名字改成了"塔拉"，这个名字在我心中产生了深深的共鸣。

每个人至少都有过这样一段经历，就是别人对我们的看法深刻地塑造了我们对身份的认同。你的这段经历是怎样的呢？

第九章
允许别人看到真实的我们

当我们长时间凝视镜子之后,会看到自己的不同方面。可能会因为语言、种族和宗教,社会、政治和信仰,性别以及运动和其他兴趣爱好而拥有不同的身份认同。通过社会隐私、社交媒体和社交的短暂性,可以让不同的身份保持切割。然而与此同时,我们可能强烈地渴望自己的全部能被看见、被了解和被接纳。

镜子可以帮助我们提高对不同自我身份的认知。例如,人们经常会说他们感觉自己比看上去年轻多了,但镜中的脸庞可能会尖刻地提醒他,对于拥有不同外貌的渴望,以及与这种渴望有关的人生故事。我鼓励大家花点时间关注自己的形象,听听它正在对你诉说什么。然后,可以通过镜子来接纳那些令你不舒服的自我部分,并将它们融入坚实的自我意识之中。

> **试一试**
>
> 想一想在你的成长过程中,别人对你的外貌所说的话。再想一想外貌对你的命运起作用的人生经历。然后,就这些经历拍摄几段视频日记,描述它们对你的影响。

神奇的镜子冥想：
拥抱你内心的小孩

55. 重温自我物化

在很多方面，我都是幸运的，我的身体特征是讨人喜欢的。但我经常会想：如果我的头发或皮肤天生较黑呢？如果我少了一根手指或脚趾呢？如果我有身体残疾，不能像正常健康的婴儿那样活动呢？我会被遗弃在货架上吗？也许我不会被任何人带回家。

无论我们愿不愿意，在生活中，我们都在进行角色扮演：我们与人签订契约，为他们扮演特定角色，快乐的女儿、忠诚的丈夫、优秀的学生、雄心勃勃的员工、体贴入微的母亲，等等。

> **试一试**
>
> 当你想到自己在生活中扮演的角色时，你会有怎样的想法？写下来，然后针对每一个角色，想一想。
>
> 这个角色是否与你的外貌相关？
>
> 你喜欢扮演这个角色吗？
>
> 你在角色中感受到的主要情感是什么？爱？悲伤？愤怒？
>
> 你为谁扮演这个角色？
>
> 扮演这个角色你能得到什么？

第九章
允许别人看到真实的我们

> 这个角色又如何反过来镜映你？
>
> 这个角色适合你吗？你想扮演这个角色吗？
>
> 对着镜子做这个练习，思考你所扮演的角色，或者拍摄一段视频日记讨论你扮演的角色。然后认真地回顾视频，看看它给你带来了怎样的启发。
>
> 你可能有一个特定的人格面具。例如，你有配偶和年幼的孩子，那么你和配偶在一起时的行为表现可能和你跟孩子在一起时的行为表现不一样。同样，你和雇主说话的方式也不会和你对最好的朋友或母亲说话的方式一样。你能从镜子中看到这种差异吗？也就是说，你是否正在变成一个不同的人？
>
> 开始镜子冥想时，先把注意力集中到身体上，缓慢地深呼吸，然后在注视着自己的同时，把特定的人格面具带入脑海。接下来，大声说出你与这个角色相关的称呼，无论是"妈妈""甜心""坎宁安医生""鲍比""罗伯特""女士"，或任何其他独特昵称。说出称呼，注视自己，体验感受，对自己保持开放、好奇和善意。

你可能已经无意中参与了一项关于观察自己不同角色的自然研究。当疫情迫使全世界改用视频会议而非面对面交流时，许多人发现自己不习惯在镜头中看到自己工作时扮演的不同角色，或与朋友交谈时的样子。他们会因此分心。似乎看到自己让他们产生了一种不和谐感，甚至有点刺眼。

由于我对镜映的研究，之前有一些记者向我请教，面对面交

神奇的镜子冥想：
拥抱你内心的小孩

流的减少和视频会议的增加会对我们的心理产生怎样的影响。多年来，我一直用镜子帮助人们克服与外貌有关的自我批评，让他们对自己更加满意。因此，当记者就如何处理在 Zoom 镜头中看到自己的问题征求我的建议时，我的建议是接受它。我说，在视频开始之前，我们都应该花些时间用善意的眼光注视自己。看到别人，也让别人看到我们，同舟共济。

显然，这不是记者想听到的。我的建议被淹没在其他快速解决方案之中，那些方案建议人们降低 Zoom 视频中的亲密程度，比如"离摄像头远一点"，以及把显示自己形象的窗口隐藏起来。"Zoom 疲劳"受到了很多人的关注，他们的关注点集中在太多的脸庞、太近的面部表情和脱离背景的非语言暗示是多么令人疲惫上。

但我很喜欢在 Zoom 上看到自己的形象。虽然看到镜头中的自己并不是一件轻松的事；与我 19 岁的学生们光彩照人、青春洋溢的面孔相比，我人到中年的面孔显得疲惫不堪。但是，不回避自己的形象让我收获良多。考虑到特殊的疫情背景和与学生联结的当务之急，我拒绝被自己的不完美所干扰。是时候践行我一直以来所宣扬的自我接纳和自我同情了——允许别人看到真实的我。

这种方法带来了一些出人意料的好处。与课堂教学相比，Zoom 视频中的直接面部反馈让我每时每刻地了解到我所说的话如何影响着学生们。例如，当我因为急于表达观点而无意中打断了学生的发言时，我注意到对方微微皱起了眉头，我同时注意到我一进入视频会议时，学生们看到我后所露出的微笑。

第九章
允许别人看到真实的我们

  我开始享受越来越多的实时反馈，很快我也开始观看每次讲座的录像。有时，我发现自己说错了话或忘记转达重要的内容。如果不回看录像，我就无法在随后的课程中纠正这些错误。

  突然改用 Zoom 上课有点像我邀请学生到我家做客。这次变化也提醒着人们，让他们思考自己所扮演的不同角色之间是切割的，还是重叠的。穿着睡裤时，你还会觉得自己是个教授吗？当你的猫咪闯进重要的商务视频会议时，你对自己的感受会发生怎样的变化？许多人看到自己在家里和在镜头中扮演着截然不同的角色时，感受截然不同——这无疑为实现自我身份的融合提供了一个绝佳的契机。

56. 无意识的"煤气灯效应"

别人对我们的镜映可能会被他的目的所扭曲。其中一种常见的扭曲被称为"煤气灯效应"。"煤气灯效应"一词源于20世纪30年代的同名戏剧和电影。在剧情中,丈夫试图通过操纵环境中的一些小事情来让妻子相信她自己快疯了,并在妻子指出这些变化时坚持说她弄错了、记错了或有妄想症。有一次,丈夫慢慢调暗了家里的煤气灯,同时假装什么都没变,让妻子怀疑她自己的感知出了问题。

现在,"煤气灯效应"一词通常被用来描述操纵他人对现实的感知。不过,首先要注意的是,产生"煤气灯效应"的行为范围很广,既有原剧中冷酷无情、精于算计的形式,也有较温和的形式。在某些情况下,人们甚至可能没有意识到自己正在这样做。

"煤气灯效应"是基于认知失调的心理学原理起作用的。认知失调指的是人无法同时坚持两种相互冲突的信念,否则就会产生不适感(或失调)。

举一个日常"煤气灯行为"的典型例子。一位母亲认为自己是一个关心孩子的好母亲,但她刚刚对着孩子大吼大叫,孩子现

第九章
允许别人看到真实的我们

在正在哭。这些事实无法兼容:她怎么能既是一个好母亲,同时又对孩子大吼大叫呢?她需要改变一些想法:也许她终究不是一个好妈妈,或者,也许她并没有真的大吼大叫,她只是稍微提高了嗓门,而她的孩子只是太敏感了,反应过激了。孩子流着泪问:"妈妈,你为什么对我大吼大叫?"孩子也在经历认知失调:他相信在妈妈这里是安全的,妈妈不会伤害他,但妈妈刚才的吼叫确实伤害了他。然后他妈妈回答说:"我没有吼你!你只是太敏感了!"他的认知失调解决了:他的母亲是好的,是安全的,是他自己太敏感了,他没有理由哭泣。

母子俩人都经历了"煤气灯效应"。母亲认为自己是个好妈妈,所以她没有改变自己愤怒行为的动力。孩子为了继续相信妈妈是一个安全的好妈妈,则必须无视自己的感受,并压抑对妈妈行为的真实反应。他可能会以此为戒,不再相信自己的直觉和自然反应。在别人辱骂自己时,觉得自己只是太敏感了或是反应过度了。他可能会认为,即使别人对他大吼大叫,这些人在某种程度上仍然是安全的,并且以他的利益为重。

在孩童时期,我们认为父母告诉我们的信息是正确的,因此特别容易产生失调。在一生中,我们都在参考他人来确认现实。不难看出,随着时间的推移,我们会与自己的真实感受和真实反应失去连接。我们希望相信自己是安全的,是被爱的,因为我们不想感到不舒服,但我们往往必须经历不舒服的状态才能看清真相和成长。

认知失调会让我们保持错误的信念,从而阻碍我们看到真相。

神奇的镜子冥想：
拥抱你内心的小孩

例如，可能我们已经注意到，有些时候我们抗拒照镜子。想一想，这是不是因为照镜子会让我们产生一些认知失调。

布拉德认为自己身处一段幸福、坚定的关系中。但是，走廊里的镜子却展示着另一面。当伴侣在身边时，布拉德瞥见镜子里的自己，发现自己的脸因恼怒而绷得紧紧的，但当伴侣不在时，他的脸却显得平滑而安详。布拉德甚至发现，当他在客厅里向伴侣打招呼时，自己会露出一个紧绷的假笑。但是，布拉德还没有准备好审视自己对这段关系的看法，所以他觉得摆放镜子已经过时了，于是换上了新的表面不反光的艺术作品。

如果你不想立刻去面对自己以及自身信念的方方面面，这没关系。但是，培养觉察，并接纳自己还没准备好正视某些事情，这往往会是关爱自己时所能做出的最具同理心的回应。你可以在关爱自己的同时致力于成长：这两种信念并不矛盾！

第九章
允许别人看到真实的我们

57. 表里如一才能建立信任

如果我们的感受没有被看到,也没有被准确地镜映,我们就可能形成某些其实对自己没什么帮助的应对方式。例如,第六章介绍了安柏的案例,在她的成长过程中,由于父母不认可她所谓的"负面"感受,她在认识、理解和表达自己的感受时遇到了困难。早期缺乏镜映的另一种表现形式是夸大危机、创伤和困难。在旁观者看来,我们的反应与所发生的事情不成比例。但这往往是我们习得的一种表达危险或痛苦的方式,这种表达方式在过去是行之有效的。

艾米经常被贴上"小题大做""公主"甚至"泼妇"的标签。因为每当遇到问题时,无论是与家人、朋友、恋人还是客服之间的问题,艾米都会大惊小怪。当艾米发现问题时,她的焦虑就会飙升,这常常导致她惊慌失措。似乎每当艾米发现一个潜在问题,并知道自己必须寻求帮助时,她就会变得焦虑不安,怀疑会不会有人来帮助她。有了这种想法之后,她的反应就是夸大问题,以便更能让别人相信问题的严重性。不幸的是,这种策略往往适得其反,因为它让人们对她的说法感到恼火和怀疑。艾米没有以一

神奇的镜子冥想：
拥抱你内心的小孩

种能获得支持的方式展示自己的痛苦。

在我们合作的过程中，艾米开始觉察到自己在问题出现时有多么的无助。通过把事情弄得更加戏剧化，她有了一种掌控感，尽管这种掌控往往只是一种假象。她把这种习惯追溯到童年时期，那时父母不相信她的抱怨，也会忽视或轻视她的苦恼。现在，作为成年人，她认为让别人承认问题存在的唯一方法，就是让别人和她一样不舒服。结果，当艾米感到痛苦时，每个人都想避开她，而这正是她最害怕的事情。

艾米怎样才能打破这种循环呢？通过镜子冥想和视频日记，她练习着去看到在各种痛苦状态下的自己。艾米拍摄了视频，记录自己在慌乱中胡言乱语、愤怒而困惑地责怪别人、说别人的坏话等行为。后来，当她平静下来，集中注意力时，她用心地观看了自己的视频。在观看过程中，她感受到了各种情绪，从恼怒、尴尬、无助到同情。她意识到，这些强烈的痛苦表现给每个人都带来了更大的压力。

通过研究自己的视频日记，艾米对自己的反应有了一定的理解。在快要做出夸张反应的那一刻，她觉察到了，艾米学会了暂停、呼吸、让自己镇定下来并集中注意力，然后拍摄一个简短的视频，练习一些能让她平静下来的自我对话。通过练习，她能够在求助他人之前让自己平静下来。

但求助他人的挑战仍然若隐若现。我建议艾米先好好练习自我接纳。她可能永远也不会成为一个非常放松的人，但她可以做到准确、一致。当艾米觉得别人在评判她或怀疑她的说法时，她

第九章
允许别人看到真实的我们

往往会夸大其词、危言耸听。我建议艾米信任自己,并严格地保持诚实。不管是信用卡账单上的一个错误,还是男朋友的一句话让她不高兴了,还是妈妈向她提出一个不体贴的要求,艾米注意到,当别人开始质疑她的反应时,她就会怀疑自己的反应,然后她就变得过度紧张。

艾米意识到,当她心烦意乱时,她便一边期待别人肯定她的感受,一边试图解决问题。这对其他人来说往往是难以接受的。我建议她把自己的反应和问题分开,让自己的反应得到肯定与让问题得到解决是两件完全不同的事。通常的情况是,艾米反应很大,其他人会很烦她,然后远离她,于是她只能独自面对问题。与这种做法相反,我鼓励她相信自己发现问题的能力。

艾米仔细回想了一下,她很少注意到这一点。但通常的情况是,她比别人更早发现问题。艾米有一套预警系统。她的一位更具有洞察力的朋友称她为"煤矿中的金丝雀"①,用以形容她比别人更早看到危险的能力。这种敏感是一种很有价值的技能,但是艾米需要学会巧妙地运用它。

解决问题的关键是要表里如一。遇到问题时,艾米会有强烈的反应,无论别人对她或对情况的判断如何,她都会坚持不懈地寻求解决方案。相比于在挫折中退缩或夸大和激化问题,她学会了坚持己见,表里如一地对待手头的问题。

我们通过理解自己,并让他人看到自己表里如一,这样可

---

① 煤矿中的金丝雀,指早期矿工在矿井中使用金丝雀作为瓦斯泄露的报警器。——译者注

神奇的镜子冥想：
拥抱你内心的小孩

以建立自我信任，别人也会信任我们的为人。如果我们隐藏自己的真实反应，或者为了引发他人的特定回应而改变自己的反应，就会破坏自我信任和他人对我们的信任。亚伯拉罕·林肯（Abraham Lincoln）曾说过："无论你是个怎样的人，都要做一个好人。"我想补充的是，"做一个好人，以及一个表里如一的人。"

艾米知道自己永远不会成为一个非常放松的人。但她能够通过表里如一的反应建立起更值得信赖的人际关系。她学会了接纳自己的强烈反应，并将自己的反应与寻找解决方案区分开来。后来，她找到了能够始终如一地支持她并欣赏她的敏感性的人。

第九章
允许别人看到真实的我们

58. 敢于展示真实的自己

在经历了一次痛苦的分手后,瓦妮莎决定改变自己的约会方式。她花了几个小时在视频网站观看关于约会技巧的视频。她情不自禁地点开标题为"如何让男人爱上你"和"不要做这些让男人立刻反感的行为"的视频。她还报名了一个名为"万人迷"的在线课程。这个课程可真具有颠覆性,瓦妮莎学会了如何表现得非常自信和吸引人。她练习性感的肢体语言,以及如何与男人谈话和调情,让他们为她疯狂。男人们发现瓦妮莎的魅力无法抵挡,开始对她趋之若鹜,而她也乐在其中。

最终,瓦妮莎把斯科特拉进了自己的生活。热恋几个月后,他们决定同居——这时,一切都变了。斯科特爱上的是瓦妮莎性感诱人的万人迷面具,却从没有看到过她的另一面,比如她感冒的时候,或是觉得自己发胖的时候,或是因为没睡好而脾气暴躁的时候。斯科特并没有注意到瓦妮莎是多么努力地工作,以使自己非常成功的事业看起来轻而易举;他也没有看到她的焦虑,或是她在处理日常生活中遇到的人和问题时的不安全感。事实上,斯科特并不想看到她的这些方面——他想看到的是一个性感的女友,毫不费力地维持着自己成功的事业,并且始终保持着俏皮和大方。

因此,当瓦妮莎不开心或不像往常那么有魅力时,斯科特会尽量回避,并希望这一刻快过去,让那个有趣、性感的女友回来。瓦妮莎知道当自己心情不好时,斯科特不太会关注她。如果她想告诉他一些困扰她的心事,他就会把话题转移到轻松、有趣的事情上。斯科特不是一个坏人,他只是没有意识到瓦妮莎有很多面,不可能一天24小时充当万人迷。

斯科特的行为引发了瓦妮莎的焦虑感和羞耻感。她开始觉得自己不仅仅是心情不好,还是一个让伴侣失望、消沉的"坏人"。当她只想穿着瑜伽裤放松一下,吃点冰激凌,而不是为斯科特饰演万人迷时,她开始批判自己的"自私"。

和我们很多人一样,瓦妮莎心中也有一个"如果你真的了解我"的剧本,当她与某个特别的人变得亲密,并向对方更多地展示自己时,这个剧本就会被激活。很多人觉得,如果别人看到了我们的真实面目,就会拒绝我们。因此,当我们在展示自己不那么讨人喜欢的一面时特别容易感到受伤,而伴侣的反应可能会对我们产生相当大的影响。

和斯科特分手后,瓦妮莎意识到自己很难让别人看到真实的自己。对她来说,似乎毫无希望:为了维持一段浪漫的关系,她必须永远以某种方式行事,而这是不可能的。但是如果她表现出真实的自己,就会遭到拒绝。

我建议瓦妮莎通过镜子冥想来接纳真实的自己,并认识到不

第九章
允许别人看到真实的我们

是每个男人都会喜欢她。她曾希望每个男人都爱上她,这样才能抚慰她上次失恋后受伤的自尊心。但是,为了建立更令人满意的关系,她需要改变自己的约会方式。

要想知道一个男人是否与自己相配,瓦妮莎必须在约会初期就展现出真实的自我。我对她说,在第一次或第二次约会时发现彼此不合适,要比在几个月或一年后才发现彼此不合适容易处理得多。

瓦妮莎想要在一段关系中获得什么?激情、接纳、肯定、赞扬,说到底,是一个能够带着善意且清晰地看到她的伴侣。她想要一个能接纳真实的她并爱她的男人。

因此,在进行镜子冥想练习时,她与自己坐在一起,给予自己她希望从男人那里得到的镜映。她在视频日记中与自己交谈的方式,是她希望在一天结束时与伴侣交谈的方式,分享她的想法、感受和对未来的计划。她学着做自己,和自己待在一起。

当她观看自己的视频时,她意识到自己有那么多深刻的感受和见解可以与他人分享。那她为什么要把自己搞得如此浅薄呢?为什么要肤浅地试图让世界上所有男人都爱上她呢?

当瓦妮莎再次开始约会时,她喜欢打开万人迷开关来吸引潜在伴侣,然后随着了解的深入,她也确保展示自己的其他方面。她仍然很清楚男人对她的反应,但她也会努力去真正地看到他们。她不再用自己的吸引力来操纵他们,让他们按照她想要的方式回应她,而是对他们的真实自我和真实感受充满好奇。如果对方不愿意看到她的真实自我,她会看得很清楚。如果对方只想看到一

神奇的镜子冥想：
拥抱你内心的小孩

个万人迷形象，瓦妮莎就不再与他约会，而是另觅他人。瓦妮莎最终找到了皮埃尔，和他在一起时，她可以完全做自己。他欣赏她的复杂性，他看到、爱护和接纳她所有不同的面。

看到真实的自己并且允许自己被他人看见是需要练习的。当你允许自己被他人看见时，你也给予了他人展现自我的自由。

第九章
允许别人看到真实的我们

59. 接纳别人的目光和看法

他人的目光和随之而来的评判带有巨大的影响力。因此，我们犹豫是否要展示真实的自己，这也是情理之中的事。但如果我们想影响他人、改变世界，或者只是想改变一些人对我们所关心的事情的看法，那么就需要让自己真实的一面习惯被他人看见。同样，如果我们想让真实的自己被爱、被理解，那么也必须学会让别人看到真实的我们。

了解自我，并定期进行练习，比如对镜冥想和录制视频日记，可以让我们更自信地展现真实的自己。当我们习惯于在镜子中看到自己，就会发现以前从未看到过的自我部分。大多数人比自己意识到的要复杂得多。当我们真正了解自己后，就不太可能被别人的评论和看法所蒙蔽。

"当你所思、所言、所行都和谐一致时，你就会感到幸福。"在我看来这句话完美定义了真实与正直的结合。毕竟，"诚信"（integrity）一词来自"融合"（integration）。因此，勇于现身，勇于被人看到真实的自己，才能建立诚信。

神奇的镜子冥想：
拥抱你内心的小孩

乔哈里视窗[①]是一种帮助你更好地了解你与自我和与他人关系的技术。乔哈里视窗有四个象限用于呈现你对自己的看法。

你身上那些你了解，别人也了解的方面。（开放）

你身上那些你了解，但别人不了解的方面。（隐藏）

你身上那些你不了解，但别人了解的方面。（盲点）

你身上那些自己和别人都不了解的方面。（未知）

别人从他们的有利角度观察你，所以一定会与你自己看到的内容有所不同。那些愿意诚实、准确地告诉你他们是如何看你的人是非常珍贵的。敞开胸怀接纳他们对你的印象，可以帮助你发现自己的盲点。

试一试

你可以在不同的环境中探索自己，让自己被看到。以下是一些建议。

（1）定期录制你的 Zoom 会议。回看这些视频，注意自己的面部表情和非语言行为，注意别人如何与你互动。放慢视频速度，用心观察。从视频中观看你与他人互动时，你会有什么样的洞察和情绪？

（2）允许他人在没有任何目的的情况下凝视你，而且要凝视一段时间。不说话，不触摸，只是凝视。试着让别人凝视你一两分钟，然后延长到十分钟。你可以在各类场合这样做。

[①] 乔哈里视窗，一种关于沟通的技巧和理论，也被称为"自我意识的发现——反馈模型"。——译者注

第九章
允许别人看到真实的我们

在我的研讨会上，公开演讲是课程的一部分，我会让每个学生站到全班面前，让同学们看着他。这可能会让人非常紧张，但也会让人获得极大的释放。你会意识到，棍棒和石头可以打断你的骨头，但目光伤害不到你。

（3）与你的恋人来一次凝视约会。如果你和某人有身体上的亲密接触，但你在特定的时间想要避免对方看到你的身体，例如，做爱时必须把灯关掉，那么一次"凝视约会"是个极好的主意。试着让伴侣看着你，不说话，不触摸——体验一下在穿不同数量的衣服的情况下让对方凝视自己，让对方的目光在你身上游走。以这种亲密的方式让对方看着自己是什么感觉？然后，换你来凝视对方。与伴侣分享你的体验。

（4）想想你在生活中扮演的让你感到最自豪的角色。让你的服务对象赞美你，这不是自恋的表现，而是满足了我们作为人类都有的赞美需求。这种赞美可以很简单，这种认可可以很简单，比如当有人称赞你时，停下来，真切地留意到他们对你的欣赏。如果你是家长或领导者，要留意到他人是如何指望你给予指导的；停下来，允许自己被他人敬仰。

（5）如果你遇到了一个认为你很漂亮的人，那就停下来，允许别人看到你的美。

（6）如果别人在你身上看到了一些不好或不准确的内容，怎么办？能够区分他人的投射和你对自己的看法是至关重要的。看到有人用轻蔑或怀疑的眼神看你，或者是带着你最害怕

神奇的镜子冥想：
拥抱你内心的小孩

的那种眼神看你，这可能会很有挑战性。如果你能忍受下来，你会发现这也能带来极大的解脱感！与其躲躲藏藏，不如学会容忍别人对你的不准确的看法。没关系，你不必躲起来，不必成为隐形人，更不必为了让别人准确看待自己的权利而争辩。你可以看到别人是如何看待你的，也允许自己被否定，无论这个过程有多么不完美。在下一章，我们将探讨你自己的投射是如何阻碍你准确地看到他人的。

第十章

清晰而友善地看待他人

第十章
清晰而友善地看待他人

60. 避免随意给他人贴标签

多年前,我参加了一个工作坊,在那里做了一个让我终生难忘的热身练习。教练让我们到处转转,然后停下来,转向最近的一个人问:"你是……吗?"被问到的人需要闭口不言。每个人都体验到了向素不相识的各类人询问"你是……吗"的感受,也体验到了被各类人询问这个问题的感受。在提出问题却未得到答案的这个间隙里,我获得了很大的启发,它让我意识到我总认为别人想从我身上得到的是什么,也让我意识到我总在别人身上寻找的是什么。这一间隙深刻地改变了我与他人交流的方式。我深深地感受到(通常是想象出来的)他人对我的期望带给我的不适。同时我也意识到,我太容易在一个人还没开口说话之前就对他做出评判。

想一想,上一次某人没有在你认为他应该回复的时间内回复你的电子邮件、短信或电话的经过。当时你的脑海中闪过了什么样的念头?你可能有过这样的经历:等待手机上的短信泡泡变成文字时,你产生了最坏的预期。我们对他人产生的最糟糕的担心往往会渗入这些沟通的间隙之中。缺乏信息时,我们的大脑就会

神奇的镜子冥想：
拥抱你内心的小孩

开始往最坏的方面想。

为了提高自我意识和自我同情，我们已经努力做了很多工作。现在，我们将学习如何运用这些知识来看待生活中的其他人。在最后一章中，我们将探讨以清晰和友善的态度看待他人的心理学知识。我们对世界和他人的看法是由我们过去的经历、信仰、当前的需求和愿望等因素形成的。我们可能永远无法做到完全客观，但可以觉察自己的偏见，并使我们的观点更为开阔。**一些常见的偏见会妨碍我们准确、友善地看待他人。**

在任何社交情境下，我们压根儿没办法处理所有可供我们获取的信息。因此，我们形成了一些认知捷径，帮助自己了解社交环境。其中一些捷径对我们大有裨益，另一些则会让我们陷入麻烦。社会心理学家发现，我们在与他人互动并试图了解他人时会产生各种各样的认知偏差。其中之一是验证性偏差，它是指我们对某人有一种或一系列的假设。这些先入为主的想法往往会引导谈话话题和行为，从而验证这些假设是正确的。我们会寻找有关某人的信息来验证我们对他的假设，与假设相左的信息会造成认知失调，从而改变我们对这个人的看法。虽然从理论上讲，这似乎是个好主意，但我们喜欢拥有预测感和控制感。相比于面对不确定性，感觉自己知道某人怎么样，知道我们可以对他有何期待（即使是错误的或令人不愉快的期待），往往令我们感受更好。

我们用贴标签的方法来帮助自己理解他人和他人的动机。这些标签往往并不准确，却是帮助我们管理焦虑和对他人期待的便捷方法。以下是一些相关场景。

第十章
清晰而友善地看待他人

给男人贴上"花花公子"的标签意味着他有吸引力但花心,你可能觉得这既有趣又令人不安。给他贴"花花公子"的标签会给你一种掌控感,让你不被他的魅力所迷惑。实际上,这个很有吸引力的男人觉得受到了你的评判。

给某人贴上"混蛋"的标签,可能是因为他做了什么事,给你带来很多痛苦或极大的不便,而他似乎对此视而不见。但实际上,可能是这个人犯了一个错误,给你带来了痛苦,而他却没有意识到;又或者他正试图改正错误,但发现这非常困难,因为你在咒骂他。

给一个女人贴上"魔女"的标签,可能意味着你认为她没有遵守你所期望的女性良好行为准则。她的行为影响力很大,而且不可预测,而你觉得这很有威胁性。实际上,可能是这个女人不遵循性别刻板印象,也不想做一些讨好你的事情。

我们时时刻刻都在随意地对他人做出假设。例如,想象我们走进一个房间,然后被绊倒了。我们可能会环顾四周,看看是被房间里的什么东西绊倒的。但旁观者更可能认为我们只不过是笨手笨脚罢了。这种解释行为的方式被称为基本归因错误。**当我们试图理解和解释自己的行为时,尤其当事情不顺利的时候,我们倾向于归因给外部环境**,比如地板上有水或鞋带松了。**当我们试图理解和解释他人的行为时,我们倾向于归因给他们的内在特征**,比如笨拙、走神或粗心。当我们观察他人时,看到的更多的是人,而非其身处的环境;当我们观察自己时,却更容易看到自己身处的环境。

神奇的镜子冥想：
拥抱你内心的小孩

我们所关注的内容通常与进化过程中形成的人类需求有关。我们希望抵御来自环境的威胁，形成并维持最有利的社会纽带。在本章，我们将思考如何把注意力从寻找威胁转移到保持好奇上。这部分内容充满了洞察和建议，帮助我们以更清晰和更友善的视角去看待他人。我们将讨论眼神交流的力量，以及如何在不被情绪淹没的前提下以友善的眼光看待他人、帮助他人。我们还将探讨常见的偏见和消极情绪，这些偏见和消极情绪可能被我们用作防御手段，来避免焦虑，但最终在我们与他人之间制造了鸿沟。了解自己的偏见和误解他人的方式可能会极大地改善我们的人际关系。

第十章
清晰而友善地看待他人

61. 透过爱的眼眸看待他人

群体镜子冥想于 2016 年在纽约鲁宾艺术博物馆首次公开亮相。60 个好奇地想要尝试这种新型冥想方式的人聚集在博物馆里。他们默默地在一张长桌的两侧就座，空气中弥漫着庄严和崇敬的气息。落座后，他们掀开镜子前的黑盖，开始凝视自己。虽然博物馆里有许多精美的宝物，但他们的目光只投向面前镜子里的"宝藏"。

我带领他们进行了一次镜子冥想，帮助他们放下评判，放松下来，促进自我接纳，然后尝试以同情心看待自己。随着冥想的深入，我突然有了一个灵感。我让他们抬起视线，看着坐在对面的人（基本上是陌生人）。突然间，一切都变得轻松起来。目光闪烁，笑容绽放。一切都变得闪闪发光，充满魔力。正所谓"人多力量大"，在这一刻，似乎是"目光多，力量大"。当我见证人们愿意用善意的眼光看待彼此时所产生的力量，我明白了为什么说"眼睛是心灵的窗户"。

凝视他人的眼睛为何既令人害怕又如此吸引人呢？

眼神是最具表现力的面部特征，它可以传达一系列社交暗示

神奇的镜子冥想：
拥抱你内心的小孩

和情绪，从而深刻地影响人们的社交互动。直视对方或移开视线都会产生强大的影响。研究发现，直视与自信、兴趣和吸引力有关，而移开目光则与缺乏自信、被拒绝和被社会排斥有关。此外，许多人认为眼神交流是值得信赖的标志，我们更容易相信一个能够直视我们的人。另一方面，无法直视别人的眼睛则往往与撒谎联系在一起。因此，如果我们想与他人建立信任，就必须能够自如地进行眼神交流。

我们可以通过观察他人的眼睛来了解其情绪状态的关键信息。二十年前，剑桥大学的一个科学家小组开发了一项名为"从眼睛读懂心灵"的测试（简称"眼睛测试"）。测试结果表明，人们仅凭眼睛就能迅速解读他人的想法或感受。测试中包含一系列仅拍摄眼睛部位的照片。该测试表明，人们仅通过眼睛就能迅速解读他人的想法或感受，即使没有嘴部或面部其他部位的信息，人们也能准确解读他人的情绪状态。研究还表明，一些人在这方面比其他人更胜一筹。女性在这项测试中的平均得分要高于男性。测试的准确性与自我报告中的认知共情能力、对完整面部表情中情绪的准确感知能力以及词汇量的广度有关。我认为这一发现是惊人的！难怪眼神交流如此有力量，它可以让人与人之间产生联结，即使这种联结有时只持续几秒钟。

比眼神接触更进一步的便是凝视。凝视是一种长时间注视对方眼睛的行为。这是一种强大而亲密的行为，可以拉近我们与他人的距离，也有利于促进更深层次的联结。长时间的眼神交流对我们的人际关系很有帮助，因为它能让我们识别和理解他人的情绪。

第十章
清晰而友善地看待他人

当我们凝视对方的眼睛时,我们与对方之间就产生了情感联结。催产素这种荷尔蒙在这一过程起到了帮助。催产素被称为"拥抱荷尔蒙"或"爱的荷尔蒙",因为它与配对结合、温暖感、亲近的欲望和信任感有关。催产素有助于加强母婴之间的早期依恋以及恋人之间的联结。

最近的研究表明,催产素在我们与狗狗建立联系方面也发挥了作用。主人与狗狗之间的相互凝视能提高人和狗的催产素水平。当狗嗅到催产素时,它们会增加凝视时间,这对它们的主人有积极的影响。因此,如果没有其他人可以与你对视,你可以考虑凝视狗狗那双深情的眼睛!

凝视作为一种专门的练习有着悠久的历史。几个世纪以来,人们一直通过凝视来加深亲密度和精神联结。在凝视过程中,你深深地注视着伴侣的眼睛,可以让你们之间更加亲密,实现精神联结。

凝视的方法有很多种。以下是一种基本方法。

(1)以舒适的姿势坐好,面对伴侣。

(2)用计时器设定所需的时间,注视对方的眼睛。

(3)放松身体,深呼吸,让自己自然地眨眼。目光要柔和,尽量不要移开。

(4)计时器响起时,将视线从伴侣身上移开。

这个练习的目的是在不说话的情况下与伴侣进行精神联结。如果你一开始不习惯这种凝视,那么可以从较短的时间开始尝试。先练习凝视三十秒,然后逐渐增加,直至十到二十分钟。

神奇的镜子冥想：
拥抱你内心的小孩

面对面的目光凝视可能让人有点紧张，也许它更适合用来激发浪漫的情感，不过，在非两性关系中，也有一些其他类型的凝视可以增进感情和建立信任。

我们可以利用镜子建立信任，提供和接受支持。在一面大镜子前放一把椅子，接受支持的人坐在椅子上，面向镜子。提供支持的人则站在他身后，看向镜子，并与坐着的人进行眼神交流。这个练习是一种引人入胜的体验：一个人支持着另一个人的视觉呈现，如果愿意的话，还可以支撑着对方的后背。这是一种无声地表达对他人的支持的好方法。站着的人可以把手放在对方的肩膀上，如果觉得这样比较舒适的话。

在第五章讨论的自我鼓励研究中，皮耶尔朱塞佩·维纳伊就使用了这个技巧。在治疗师与来访者就某个议题工作时，治疗师站在来访者的身后。

我们还可以在镜子前并排摆放两把椅子，让双方凝视彼此。我是在和一位好朋友发生争执时发明这个技巧的，这位好朋友是一位非常有创造力的人。当时我们正在一间空的瑜伽室里，我们把两把折叠椅并排放在工作室的大镜子前。我们并排坐着，在镜中进行眼神交流，手拉着手讨论问题。这个做法很有力量：我用面对面讨论问题时不可能做到的方式，来理解她的观点和情绪。这种方式非常有效。所以当我们一起完成创意项目时，我们偶尔会为了好玩而这样做。如果我们被一个问题难住了，其中一个总会说："嘿，我们去照镜子吧！"并肩照镜子真的可以改变视角。

在争论中，视角会变得狭隘，认为一个人是对的，另一个人

第十章
清晰而友善地看待他人

是错的，或者一个人是好的，另一个人是坏的。当同时审视自己和对方时，很难使用非黑即白或两极分化的思维方式，因为我们正站在自己和他人的视角上看问题。这个方法还能淡化强烈的情绪，比如愤怒，因为直接的眼神接触可能会激化愤怒，从而阻碍富有成效的对话，而我们看到自己在和别人说话时，就完全改变了这种规则。

"透过爱的眼眸看待他人"是梅利莎·曼彻斯特（Melissa Manchester）一首歌的歌名，同时也是一个很好的策略！

神奇的镜子冥想：
拥抱你内心的小孩

62. 如何将同情心付诸行动

有一次我骑着自行车下一个陡坡，结果车胎卡在了下水道的栏栅里。我整个人从车把上方飞了出去，落地时冲击力太大，把我撞得喘不过气来。时间静止了，我惊慌失措，大口大口地喘着气。最后，我终于缓了过来，抬头一看，发现自己摔在了一群穿着商务套装等公交车的人们脚下。他们看起来很不自在，都把目光移开了。没有一个人愿意帮助我，甚至没有一个人问我是否还好。他们似乎并不是故意敌视我，或对我不友善。有些人假装没有注意到我，有些人则好像被吓呆了似的动弹不得。但很明显，对他们来说，向我伸出援手并没有什么危险。那么，到底发生了什么事？为什么没有人帮我一把？

社会心理学家已经将群体这种不向有需要的人提供帮助的倾向解释为"旁观者效应"，即人们站在一旁不知所措，他们看到身边的人什么也不做，于是他们就随大流。每个人都感到自己肩上的责任被分散了，因为他们会想：这里有这么多人可以帮忙，我为什么要出手相助呢？这从旁观者的角度解释了这一现象。但是，当一个人目睹他人陷入困境，却在没有危险、成本很低的情况下

第十章
清晰而友善地看待他人

拒绝出手相助时,他的内心又是怎么想的呢?

有各种各样的障碍会阻碍我们将同情心付诸行动。为什么向他人表达关爱如此困难?我们怎样才能做出既让自己感到安全,又能让他人受益的回应呢?

我们已经掌握了一些以更多的同情心看待他人的技巧,现在,让我们来探讨如何将它们付诸实践。正如前面所学到的,避免焦虑或威胁的最快方法之一就是逃离。通过把目光从痛苦者身上移开,就能在视觉上逃离我们认为具有威胁性或压迫性的人或情况。

神经科学研究可以帮助我们理解,为什么对他人的同情并不总能让我们采取行动。我们对他人痛苦的反应可能会破坏我们的同情反应能力。

然而,有些人却非常善于帮助处于痛苦中的人。那么他们是如何做到的呢?下面把这一过程分解成三个步骤。

第一步:识别痛苦,感受情感共鸣。

如果我们不能意识到或感受到他人的痛苦,那么显然就不会有动力去帮助他们。我们通常通过他人的面部表情来意识对方的痛苦。看到他人脸上的痛苦表情会自动在我们心中唤起同样的感受。因此,很多人会试图通过转移视线或分散注意力来逃避这种不适,比如避免直视深陷痛苦中的人,尤其是他们眼睛,因为眼睛最能传达情感。把目光移开或避免看到任何让我们感到不适的东西,是控制自己情绪的一种非常普遍和简单的方法。**当我们已经感受到压力和焦虑时,也更倾向于回避他人的痛苦。**

第二步:区分自己的感受和他人的感受。

神奇的镜子冥想：
拥抱你内心的小孩

如果我们一直把注意力集中在痛苦的人身上，自己也会感到痛苦，而这会让我们感到非常不舒服，有些人甚至会感到很困惑。如果我们自己被痛苦淹没，那就很难采取行动帮助他人。当我们与某个深陷痛苦的人打交道，并产生了足够的共情或情感共振时，就可能会触发自己的创伤或无助感，从而进入"对抗—逃跑—僵住"的应激反应中，无法或不愿向痛苦者靠近以帮助其减轻痛苦。这样一来，自己就会陷入困境，无法将自己的感受与在他人身上看到的感受区分开来。

第三步：采取行动，减轻困扰和痛苦。

要想带着同情心采取行动，就必须能够处理自己的负面情绪，而不是陷入应激反应中。神经科学研究人员发现，有些人能够更好地调节自己的情绪，在压力下做出富有同情心的反应，而有些人则会陷入自己的反应中，似乎无法提供太多帮助。这种差异源于他们的身体对压力所产生的反应，而不是他们对遭受痛苦的人的态度。

在这项研究中，迷走神经的活跃程度高意味着自我调节能力高。迷走神经是人体用于自我平静的系统。迷走神经活动的增加会降低心跳速度，并达到平静的状态，从而鼓励人们参与社交活动并与他人建立联结。此外，**迷走神经越活跃，就越能下调负面情绪（如痛苦），这样当我们看到他人痛苦时，就能做出更准确的评估，并决定采取什么行动来帮助他们。**

因此，有些人似乎天生就更能带着同情心采取行动，这可能是因为他们有更好的自我调节能力，能够处理好自己的痛苦，然

第十章
清晰而友善地看待他人

后将注意力集中在他人身上。但是，任何人都可以学着以更有同情心的方式做出回应。研究发现，**对自己的痛苦抱有同情心会让我们更好地集中注意力，有意识地激活自我调节系统，从而产生安全感，而不是威胁感和痛苦感**。这些自我安抚活动是通过激发特定类型的积极情绪来实现的，如满足感、安全感和爱意，这些情绪与我们与生俱来的关爱和依恋动机相关。在镜子冥想中，尤其是在第五章的练习中，我们练习了自我安抚、情绪调节和自我同情，这也会帮助我们以更有同情心的方式回应他人。

63. 不要在别人身上找毛病

网上有许多关于如何判断他人是否在向我们进行心理投射的文章。但这里我想提议，我们可以简单地认为，别人时时刻刻都在向我们投射，而我们也时时刻刻在向别人投射。既然我们对他人的控制力很小，对自己的控制力却大得多，那么就让我们把重点放在帮助自己觉察如何向他人投射上，并带着自我同情来做这件事。那么，什么是心理投射呢？

投射基本上就是不看自己，而是看向别人，在别人身上找毛病。心理投射是人潜意识中采取的一种防御机制，用来应对难以克服的冲动、感受或情绪。它是指将不想要的感受或情绪投射到别人身上，而不是让自己承认或处理这些不想要的感受。

镜子冥想通常可以减少投射，因为我们是在直视自己，而不是看向别人的缺陷。有一句经过我稍稍改写的语录："当你自己眼中有一块梁木时，为什么要去看邻居眼中的木屑呢？"当然，这个比喻不一定准确，但我想你能明白我的意思。

一些心理学家认为，试图压制某种想法实际上会给这种想法带来更大的力量。这个不被我们接受的想法会一直存在于我们的

第十章
清晰而友善地看待他人

脑海深处，然后极大地影响我们看待世界的方式。下面是一些心理投射的例子。

一位女士害怕伴侣抛弃她，尽管他一再保证自己不会，但这位女士可能才是想要离开的那个人，而这让她感到不安，所以她无法承认自己有这种想法。

一位男士正处于一段认真的关系中，但他被同事所吸引，他并不承认这一点，而是指责同事在引诱他。

如果一个人正在与他偷东西的冲动作斗争，他可能会认为邻居也想进入他家偷东西。

当我们难以承认自己的某些方面时，往往会进行心理投射，不是去面对它，而是把它投射到别人身上。这样，我们就能控制自己的焦虑，让难以承受的情绪变得更容易忍受，避免因承认它而产生负面情绪和自我批评。有时，攻击或指出他人的错误行为比正视自己的错误行为要容易得多。**一个人如何对待自己的投射对象，也许反映了他对自己的真实看法。**

具有讽刺意味的是，当投射运作良好时，甚至不会意识到自己在投射。投射是无意识的，但投射模式可以被有意识地觉察到，尤其是在心理治疗师的帮助下。当一个人的恐惧或不安全感被激起时，很自然地就会向他人投射。

可以用自我镜映工具尝试一下下面的练习。

试一试

如果你觉得自己可能在投射，那么你首先应该从冲突中离

神奇的镜子冥想：
拥抱你内心的小孩

> 开。从冲突中离开一会儿，能让你的防御稍稍减弱，这样你就能更客观地看待眼前的情况，然后用第三人称视角拍摄一段视频日记，依次完成以下三个步骤。
>
> （1）用客观的语言描述冲突。
>
> （2）描述你采取的行动和做出的假设。
>
> （3）描述对方采取的行动和做出的假设。
>
> 集中注意力，平静地观看视频。然后，可以考虑与你的心理治疗师或值得信赖的朋友一起观看，听听他们的观点。

第十章
清晰而友善地看待他人

64. 不要将敌意归因于他人

在经历了一场混乱的离婚过程后,弗兰克搬到了新公寓,他渴望有一个全新的开始。第二天早上 5 点,他被玻璃破碎的声音吵醒。他躺在床上,一次又一次地听到玻璃破碎的声音,声音似乎是从阳台外传来的。他打开门走了出去,发现罪魁祸首是:风铃!弗兰克立刻大叫:"搞什么鬼!"怎么会有人这么蠢,这么不体贴,把风铃挂在他家阳台的正上方?然后他就开始心想:楼上的新邻居很有礼貌,但并不是很友好。也许他们只是心存侥幸?也许他们是在试探他?或是在取笑他?或者他们想对他行使支配权?因为,毕竟他们住在他的楼上。也许他们觉得自己比他优越,因为他们生活在他楼上,他们想要向他强调这一点?

事实上,弗兰克的邻居们都是非常平和的人。他们喜欢风铃,在他们听来,风铃在微风中发出的声音就像轻柔的叮当音乐。他们认为其他人根本不会留意到风铃的声音,更不用说被风铃声打扰了。但是,弗兰克因脑海中的疯狂叙事而气冲脑门。

弗兰克是 A 型性格。A 型性格的人一般都很有时间观念、紧迫感和竞争意识,他们也往往表现出很大的敌意。敌意与心脏病

神奇的镜子冥想：
拥抱你内心的小孩

和人际交往障碍密切相关。当心中充满了无端的敌意时，更有可能将敌意归因于他人。心理学家发现敌意归因偏差（hostile attribution bias）是一种实际存在的现象：在社交场合中，将敌意归因于他人的倾向会带来负面结果。他人的意图是模糊的。敌意归因偏差是一种特殊的投射，其普遍程度令人吃惊，遍布各个地方。

我们常常会把影响和意图混为一谈。也就是说，如果某人做了对我们造成巨大负面影响的事情，我们更有可能认为他是故意这么做的，当我们认为有人要故意伤害我们时，冲突往往会升级。

关键是要把自身的反应同客观发生的情况区分开，进而找到解决之道。此外，很重要的是，不要认为此事是针对我们的。弗兰克的邻居无意在凌晨 5 点吵醒他，也无意向他传达关于他在社区中的地位的信息。

弗兰克按照上一节描述的处理投射的步骤进行了练习。他先远离冲突，然后客观地描述了冲突：邻居的风铃干扰了他的睡眠。最后，弗兰克以第三人称的视角审视了自己的假设。

当他观看视频时，视角的转变让他意识到，自己的假设可能并不准确。混乱的离婚过程和各种流言蜚语让他在原来的社区失去了地位。他带着这种担忧搬到了新社区。他成长于一个竞争非常激烈的家庭，家中兄弟姐妹众多，他们不断争夺父母的关注，并试图在体育和学业中超越对方。现在，他们通过获得地位象征来计分，比如有吸引力的伴侣、物质财富、重要的工作头衔等。离婚后，弗兰克对自己的地位格外敏感。在意识层面，他认为担

第十章
清晰而友善地看待他人

心别人的看法是愚蠢的,但他很难觉察到自己是多么渴望得到新邻居的尊重和喜欢。投射使他能够压抑自己的自卑感和脆弱感。

当他意识到这一点后,我建议他对着镜子做一些角色扮演。弗兰克不再从敌意的角度看待问题。相反,他想象邻居们都是通情达理的人,并把注意力集中在自己希望获得尊重和良好沟通的愿望上。通过对着镜子进行角色扮演,弗兰克能够更客观地看待当时的情况。然后,通过提前练习与邻居的对话,他可以与他们进行更有成效的讨论。

65. 直面蔑视，走出阴影

几年前，我和室友相处得很不愉快。一天，我正在卧室里拍摄视频日记，室友隔着门大声要求我做某件事，我的脸瞬间扭曲成我从未见过的丑陋表情。当我观看视频时，我发现我的面部表情混合了恼怒、厌恶和气愤，这让我感到非常好奇。我做了一些研究，发现这是一种蔑视的表情！我本以为我不会对任何人展现出蔑视，但很显然，我展现出了它，因为它是人类的一种情感，而我也是人类。我在视频中抓拍到了它。

对于很多像我这样的人来说，蔑视是一种阴影情绪。从小到大，蔑视不是一种能够在茶余饭后谈论的情感，至少不能直接谈论。字典上说，蔑视是一种态度和行为模式，通常针对个人或群体，有时也针对某种意识形态，具有厌恶和愤怒的特征。这个词来自拉丁语中的"轻蔑"。

蔑视被归类为人类的七种基本情绪之一。我们可以把蔑视、怨恨和愤怒看作同一连续体，但三者的区别在于：**怨恨通常是对地位较高者的愤怒；愤怒针对地位平等者；而蔑视则是对地位较低者的愤怒。**

第十章
清晰而友善地看待他人

以蔑视的态度对待别人，意味着你觉得别人在你之下，不值得你体谅或善待。当你以蔑视的态度对待他人时，这表明你没有把对方当人看，而是把对方看作低于你的东西，鄙视对方。如果某人在政治、饮食偏好或宗教等方面与你持有不同意见，你可能会觉得他在你之下。人们总是觉得，自己在任何辩论中都是最有见识的一方，所以如果别人不同意自己的观点，那么他们就是无知的，是低于自己的。

当然，没有人喜欢被人蔑视，当一个人感觉受到了蔑视时，要改变他的想法就会变得非常困难。例如，丽塔害怕回家过节，因为她的家人有坚定的政治信仰，她强烈反对这种信仰。事实上，丽塔拥有政治学博士学位，所以她认为自己显然是家中最了解情况的人，也是这方面的专家。只受过高中教育的家人认为是她太傲慢自大了——他们感觉到了她对他们的蔑视，并竭尽全力以同样的方式回应她。

丽塔正在学习镜子冥想。她以为自己只是在愤怒中挣扎，其实那是蔑视，她经常觉得自己比别人优越，其实是为了弥补她的自卑。

我建议她对着镜子做一些角色扮演。她能想起某个会触发她情绪的亲戚，然后想象着和他进行一场对话。在她的角色扮演中，她看到了自己脸上的表情，跟那天我在卧室里看到室友对我大喊大叫时我露出的表情一样：蔑视。

丽塔看到自己的一侧嘴角收紧，脸上展现出蔑视。大多数面部表情在脸的两侧看起来是一样的，但蔑视只发生在一侧。蔑视

神奇的镜子冥想：
拥抱你内心的小孩

的表情可以是带着一丝微笑的，好像在说："看到你的地位如此低下，我很享受。"蔑视也可以是愤怒表情的一部分，比如"你蠢得连自己都不知道自己蠢！"蔑视还可以表现为刻薄女孩的假笑。研究表明，女孩更有可能表现出非语言形式的社交攻击，比如在说好话的时候露出轻蔑的表情。蔑视的范围很广，从嬉皮笑脸到严肃认真，都可以表现出蔑视。

我建议丽塔花些时间了解自己轻蔑的一面，这样她就能承认它，并接纳它是自己的一部分。她对此加以研究，并在视频日记中尝试以第一、第二和第三人称视角进行角色扮演。

我蔑视 X。

你蔑视 X。

丽塔蔑视 X，是因为 X 很（令人讨厌……）。

蔑视往往是一种阴影情绪，因为我们可能意识不到自己在表达这种情绪。当我们无论出于什么原因觉得某人不如自己时，我们会认为自己的观点很合理，所以往往不会去质疑它。但是，蔑视会在人与人之间造成顽固的隔阂，使困难难以解决。关于蔑视在婚姻关系的解体中所起的作用有大量研究。根据著名关系研究员约翰·戈特曼（John Gottman）的研究，翻白眼、讽刺和辱骂等蔑视行为是离婚的头号可预测因素。

偶尔的蔑视是人类的一部分，但我们没有理由深陷其中。相反，我们可以觉察自己的感受，仔细审视，改变视角，以更清晰的视角、更友善的态度看待他人。

第十章
清晰而友善地看待他人

> **试一试**
>
> 你可以通过视频日记来加深觉察，看看自己是如何在不经意间表达蔑视的。这一过程分为三个步骤。
>
> 步骤1：发泄。没错，就是这样。首先，允许自己对想要蔑视的人（或是自己难以忍受的人）说任何想说的话。然后，集中精神，平静地观看视频。
>
> 步骤2：觉察。在这一步中，以第三人称的视角来描述这个人，以及你与他之间的问题，然后集中精神，平静地观看视频。
>
> 步骤3：修复。拍摄一段视频，扮演对方，想象他正在观看你以蔑视的方式描述他的视频，并从他的角度做出反应。
>
> 这个练习对我和我的学生来说都非常有效。但是，在做这个练习时，你必须怀着自我同情的心态，抱着提高觉知的目的来进行。你甚至可以决定不向对方开诚布公地提出问题，但你对他的看法一定会有所改变！

怨恨是蔑视的反义词。当你感到愤怒、自卑和无能为力时，就会产生怨恨，比如对你的老板或你觉得对你有权力的人感到愤怒。你可以通过同样的自我觉察练习来摆脱怨恨。

66. 不因他人的外貌出众而盲目崇拜

并非所有的偏见都是负面的。但即使是积极的偏见也可能是不准确的,并且会阻碍我们建立真实的联结。例如,鲁比很崇拜布鲁斯,尽管她的朋友甚至布鲁斯本人都试图告诉她,布鲁斯并不是她想象中的那样。布鲁斯看起来就像是从时尚杂志封面上走下来的一样,鲁比对他一见钟情。她觉得,这么英俊的男人一定是神圣的、有魅力的、有才华的、善良的和聪明的。但实际上,布鲁斯和她想的不一样。他对爱情并不是特别感兴趣,尤其是对鲁比。抛开长相不谈,布鲁斯就是个普通人,他的事业目标不高,而且性格内向,大部分空闲时间都花在玩电子游戏上,因为他觉得聚会和社交活动很无聊。

"美貌偏见"几乎存在于所有社交场合。研究表明,我们会对外表有吸引力的人更积极友好。我们有"美即是好"的刻板印象,这是一种非理性但根深蒂固的观念,即认为外表有吸引力的人还拥有其他可取之处,如智力、能力、社交技巧、自信,甚至道德品质。在社会中,漂亮的人有明显的优势。研究表明,有魅力的孩子更受同学和老师的欢迎,教师给长得好看的孩子打分更

第十章
清晰而友善地看待他人

高，并抱有更高的期望（这已被证明能提高成绩）。外貌出众的求职者更有机会获得工作和高薪。然而，研究表明，长得好看的人在自尊方面并没有从"美貌偏见"中受益，因为他们往往不相信别人对其工作或才能的赞美，因为他们知道自己的外表会带来正面评价。

布鲁斯对鲁比不感兴趣，这让她很难接受。布鲁斯以前遇到过像鲁比这样的女人，他愿意礼貌地和她们聊聊天，但他并不想和她们发展关系，因为他觉得她们在甚至都不了解他的情况下就已经对他形成了看法。鲁比最终质问布鲁斯是不是喜欢别人，这是她能想到的唯一能解释布鲁斯不想和她约会的理由。布鲁斯拒绝回答这个问题，这是他的隐私，不能因为别人觉得他有魅力，就要向他们解释自己的情感。事实上，布鲁斯不喜欢和那些对他一见钟情的人约会，因为他知道这样做会让双方都失望。相反，他喜欢在发生其他事情之前，以朋友的身份慢慢去了解一个人。

相比之下，保罗自称是个花花公子。他和很多漂亮女人约会过，他的朋友称她们为"本月宠儿"。保罗表面上炫耀他的女友们有多迷人，但在内心深处，他为找不到一段能长久的感情而烦恼。似乎保罗交往过的每个女人最后都会变成背叛他的骗子。这是怎么回事呢？

她们中的许多人都参加了"万人迷"或类似的课程，学习如何通过性感的外表、性感的举动，以及调情、诱惑的对话来吸引男人。保罗很喜欢这种类型，但他发现所有的漂亮女友最终都会改变，她们不想起床后花五十分钟做发型和化妆，穿上贴身内衣

神奇的镜子冥想：
拥抱你内心的小孩

和紧身连衣裙，面带愉悦地微笑着去厨房为保罗做早餐。她们睡眼惺忪，只想躺在床上；她们打哈欠、放屁，有时还有口臭；她们中的有些人喜欢穿着运动裤和旧运动胸罩在他的公寓里踱来踱去；她们在电话里和女性朋友嬉笑怒骂，开着粗俗的玩笑。

保罗的那些漂亮女友们怎么了？每一个女友都有不符合保罗期望的一面，但每一次保罗的结论都是，她们以前是在演戏，因为她们想要他的钱。一旦女友暴露了"拜金女"的真面目，保罗就会喊："下一个！"保罗似乎忽略了自己也会睡眼惺忪地躺在床上，他也会打哈欠、打嗝、放屁，穿着内衣在电话里大喊大叫。不知为什么，这些对他来说都没什么，但因为女朋友们都非常漂亮，所以他希望她们在做每一件小事时都始终如一地漂亮。没有一个女人能够或愿意忍受他这种不切实际的期望。

鲁比和保罗都可以从本章开头所介绍的"你是……吗？"练习中受益。对着镜子进行角色扮演能让他们更深入地了解自己对伴侣的真正需求，从而发现他们也许是在严以待人，宽以律己。

试一试

下一次，当你对某个人的喜欢似乎有点不切实际时，不妨在你的视频日记中尝试以下步骤。使用第三人称视角拍摄视频日记，并按顺序完成这三个步骤。例如，"塔拉非常喜欢某个人"。

（1）用客观的语言描述你觉得这个人吸引你的地方。

（2）描述你根据这些特征所采取的行动和做出的假设。

（3）描述对方采取的行动和做出的假设。

集中精神，平静地观看视频。然后，可以与你的心理治疗师或值得信赖的朋友一起观看，了解他们的观点。

尾　记

一场自我觉察之旅

镜子冥想可能会让人联想到一位美丽的女神，她披着光滑的长发，眨着浓密的睫毛，一边在镜中迷离地凝视着自己，一边在肩颈部涂抹芳香油。但对于我们来说，这是不真实的，我们也可以在大风天走在街上，把镜头对准自己，拨开黏在唇彩上的头发，眼睑下是睫毛膏的碎屑，看起来有些疲惫和浮肿，我们完全可以接受这些！镜子冥想的最大好处就是让我们意识到，我们无须完美，也能看到自己和被他人看到。而且，体会自己的感受才是首要任务。

你有没有注意到，那些长久地、幸福地生活在一起的夫妻似乎都有一些共同的故事，记住这些共同的经历有助于他们在关系中建立彼此的欣赏、深厚的感情和凝聚力。身边有一个爱你并让你想起自己美好之处的人，对我们的幸福生活来说大有裨益。我们喜欢听身边的人讲述美好的事物，那些积极的回忆可以带来舒适感、归属感和效能感。

神奇的镜子冥想：
拥抱你内心的小孩

现在，无论我们的生活处境如何，都拥有了与自己建立关爱和支持性关系的工具。

如果我们经常进行镜子冥想和拍摄视频日记，长期下来，会发现它能提供一种连贯性的感觉。在我练习镜子冥想和拍摄视频日记的十多年里，我的生活经历了太多变化。我很高兴能定期进行。无论我的生活中发生了什么，我都会去看看镜子里的自己，无论好坏！这给了我一种舒适感和可预见性，尽管一切都在变化。它帮助我适应与他人的人际关系变化，同时也加强了我与自己的关系。所谓最持久的关系就是我们与自己的关系，这句话真是老掉牙，但每个人最终都会发现这一点。因此，用视频日记让我们与自己的关系变得更加亲切、牢固和稳定吧。我知道这听起来像广告，但这是事实。

我的学生发现，用镜子冥想和视频日记进行自我镜映让他们获益良多。这些益处似乎会随着时间的推移而增加。在进行这些自我觉察练习一段时间后，会惊讶地发现自己成长了很多，也成功地应对了许多生活挑战。以下是定期进行镜子冥想和拍摄视频日记所带来的最常见的益处。

（1）增强解决问题的能力。

正如前文所讨论的，我们有强烈的消极偏见，因此在脑海中，负面事件比正面事件更加突出。这就好像大脑在说："事情解决了，现在我可以忘掉它了。"我们很容易忘记自己成功应对过的那些挑战，忘记自己因此成长了多少。除了消极偏见，我们还倾向

尾 记
一场自我觉察之旅

于记住未完成或被中断的任务,而不是已完成的任务,这被称为"蔡格尼克记忆效应"(Zeigarnik effect)。因此,当我们回顾视频日记时,会惊讶地发现,成功完成了许多活动、任务,解决了许多问题,我们却忘得一干二净。在视频日记中看到这些,会让我们信心倍增,并让我们意识到自己有多么能干。

(2)提供多个视角看待问题。

当我们允许自己在视频日记中放松地谈话时,话题会自然而然地转向所担心的任何事情。在回顾视频日记时,我们会获得一个强大的视角,了解这些担忧对自己产生了多么大的影响,还会意识到,许多问题是多么微不足道。例如,莉萨曾做过一份兼职工作,老板经常批评她。在练习镜子冥想和视频日记时,她的脑海中反复回放着这些话,她意识到自己把老板的批评都记在了心里,这让她很难过。后来,她离职了,当她回顾自己的视频时,她看到自己花了很多时间去咀嚼这些话,去在意一个她可能再也见不到的人对她的看法。为了帮助人们正确看待烦恼,心理治疗师和教练经常建议人们思考一下:一年之后某个问题还会有这么重要吗?在镜子冥想和视频日记中,可以自己找到答案!

(3)验证自己的直觉和预感。

当我们面对镜子中的自己,以及用视频日记讨论对他人和情况未经验证的想法和感受时,会发现自己的直觉非常有用,而且我们习惯于自我审查。比如内心对某个人产生了一个微小的声音"那个人真让人毛骨悚然",虽然很快这个声音就会被更愉快的想

神奇的镜子冥想：
拥抱你内心的小孩

法所取代，但我们在其他人身上看到了一些负面品质时，就会把他和之前觉得令人毛骨悚然的人联系起来，实际上他们并不一样。我们可以通过视频日记来检验自己的预感，当我们对某个人产生了一丝怀疑，并在视频日记中分享了这一点时，可以在与他建立恋爱关系或签订商业合同的六个月之后回过头来看看这段视频，看看自己的直觉是否正确。当我们对某件事情有不好的预感，但并没有发生什么不好的事情时，又是怎样的情况呢？如果在视频中分享了这些直觉，并回顾这些直觉，就会了解到很多关于我们对他人和情况的判断模式，以后我们也会在这方面做得更好，学会更加信任自己。

（4）建立一个创意库。

每天给自己十分钟时间去畅所欲言可能会让人感到有些发怵，但同时也会令人感到无比自由。我让我的学生们只谈论和思考他们想要的东西，不给"要有创意"的压力，反而他们向我提供了许多具有创造性的想法、项目和解决方案。有些学生还养成了一个习惯，每当创意火花出现时，他们就会打开镜头拍一段短片。他们能在不管是内部还是外部批评的声音出现之前，就捕捉到创意和对创意的热情！随着时间的推移，回顾自己的一些疯狂想法也会很有趣，会让我们开怀大笑。

（5）培养感恩之心。

学生在回顾自己的视频日记时，最强烈的体验之一就是见证了生活发生的剧变，看到自己现在拥有的一切，会对生活有一个

尾 记
一场自我觉察之旅

全新的认识。学生们常常说，自己心中自然而然地升起了一股感激之情，他们也感激历经挣扎的自己，感激自己能够坚持不懈地通过挑战来实现目标。他们会细细品味过去的经历，比如自己与已故的所爱之人共同度过的每一天。这些经历弥足珍贵，却常常在我们的记忆中消失得无影无踪。

感谢你和我一起踏上这段自我探索之旅。我希望你能继续定期进行镜子冥想和拍摄视频日记。你会发现，当你持续与自己建立一种诚实、关爱、富有同情心的关系时，会有许多许多的东西等着你去发现。当你经过镜子时，我希望你永远记得，把镜中的自己看作安慰、欣赏和快乐的源泉。我希望你看到自己时，总是会想起，自己是多么了不起！